纳米技术
就在我们身边

尹传红◎主编 刘忠范 等◎著

长江出版传媒 | 长江文艺出版社

火星是整个太阳系中与地球环境最相似的行星，也是最吸引人前往探索的星球

用于火星表面进行移动探测的探测器

中华龙鸟化石和复原图

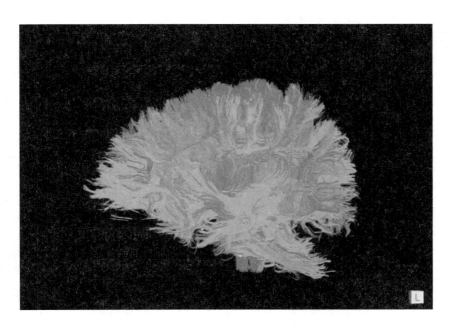

　　人脑通过数以亿计的神经纤维互通互联，图为作者王明宇运用医学影像学后处理技术重建的 3D 人脑纤维束

目录

第四辑　生活解码

科学阅读的人生启迪

尹传红

科学的世界绚丽多彩，科学的身影无处不在。

你正在翻阅的《纳米技术就在我们身边》这部文集，聚焦前沿纵览、太空探索、自然巡礼、生活解码四大科学议题，向你娓娓讲述科学世界中的点点滴滴，为你提供一些学校科学课以外的科学"营养"，期望你借此能够更好地理解科学、欣赏科学，进而认识科学、掌握科学。

"科学上有些东西是深具魅力的，少许微不足道的事实就可以引出一大堆猜想。"美国作家马克·吐温借其作品主人公讲出的一句话，让我思之再三很有感怀，因为我在少年时代就曾有幸感受过这样的魅力，并且延续了关联中的思考，得到了颇受其益的智慧启迪。

记得是在读小学四年级的时候，我向数学老师发问："为什么把平角定为 180 度，而不是 100 度或 200 度？"老师答复我说："这是早就定下来的数学规则呀。"但这并不能令我满意。

后来，我从一本科普书上读到：古巴比伦人崇拜太阳，他们看到太阳每天东升西落，在天空中划过一个半圆弧，而这个半圆弧的弧长正好相当于 180 个太阳（当然是视觉中的太阳）的累加，于是他们就把平角定为 180 度，整圆自然就是 360 度了。

原来如此！我又惊讶又兴奋，仿佛自己在科学上有了一个新发现，由此我便爱上了数学。

过后不久，我又在课外阅读中看到了发生在 2200 多年前的一个故事，更感欣喜和振奋。这故事说的是，当时世界上最大的海港——埃及的亚历山大港，有一座当时世界上最大的图书馆——亚历山大图书馆，馆长名叫埃拉托色尼（约公元前275—前194年），他是一位数学家、地理学家和天文学家。有一天，他在读书时留意到一个记述：在赛印南部前哨，靠近尼罗河的一条大瀑布的附近，如果选择在 6 月 21 日（夏至）的正午竖一根与地面垂直的木棍，那么，该木棍并不会有影子。

夏至是一年中白昼最长的一天，时间越向正午推移，庙宇廊柱投下的影子长度就越短，直到正午时分，影子完全消失。此时在深井的水中能够看到太阳的倒影，太阳正位于头顶上方。

这是一项很容易被其他人忽略的观测。木棍、阴影、井中的倒影、太阳的位置——这些简单的日常事物可能有什么重要意义吗？

作为科学家的埃拉托色尼显然不会放过对这些日常事物的观察，他问自己：为什么在同一时刻，位于赛印城的木棍没有阴影，而位于他身居的亚历山大城的木棍却会投下明显的阴影呢？他认为，唯一可能的答案就是，地球的表面是弯曲的。

后来，他根据亚历山大和赛印两地观测到的影子长度差异，推测出两地沿地球表面的角距离大约是7度。如果想象两根木棍可以延伸至地球中心，那么它们的交角为7度。7度差不多是整个圆周的五十分之一。而已知亚历山大和赛印两地相距约800千米，800×50＝40000，也就是说，地球的周长应该约为40000千米。

这已经非常接近正确的答案了。（今天我们知道地球赤道周长大约为40076千米。）而埃拉托色尼用的工具只有木棍、眼睛、双脚、大脑和他所具备的科学思维。2200多年前他就取得了如此重大的成就，成为第一个精确测量出地球大小的人。这又意味着什么呢？

后人根据埃拉托色尼估测的地球大小重新绘制了世界地图，新地图表明亚洲离欧洲的距离比实际距离要近得多，这激励了意大利航海家和探险家克里斯托弗·哥伦布向西航行的壮举。1492年，哥伦布发现美洲新大陆，开创了到新世界探险和殖民的时代。它终结了东西半球的彼此隔绝，启动了人类全球化的最初进程，并成为人类历史发展的重要转折点。

伟大的探险还带来了更重要的影响，那就是大大激发了西方人的想象力，使得他们能够以更开阔的视野来看待五大洲、七大洋，乃至于整个地球。

到了1600年，人类已知的世界范围已经加倍于前。人们的想象力不仅游走全世界，而且向上深入天空。我们的眼光已不再局限于地球表面上的某一点空间，而是扩及整个地球。地平线的消失，意味着一个全新的局面。

连带来看，是不是可以说，古人埃拉托色尼的阅读、观察与思考改变了世界，或者说，在某种程度上创造了一个新的世界？

类似这样的例子不胜枚举。

事实上，许多杰出的人物都是在优秀的科普作品、科幻作品的熏陶和影响下走进科学世界的。而他们的努力探索、敢为人先，终以创新成果将昨日之梦想化为今日之现实，进而又拓展了学科的边界、扩充了知识的疆域，推动了时代的进步和社会的发展。

在那些优秀的科普作品、科幻作品中，对奇思妙想的科学解读，对新异事物的形象描述，对自然奥秘的探索引导，对创新创造的理性思考，都得到了很好的呈现。这对增进人们，特别是青少年朋友对科学的兴趣和理解，激发想象力和创造力，锤炼理性思维，进而追求科学人生，实现自己的梦，都大有裨益。

在我看来，科学方面的阅读，既有知识的增长，也有智慧的增进，更有思想境界的提升，当然也会有一种心灵的放松，一种理解事物和思想的乐趣。

最是书香能致远。阅读是一件多么美妙的事情啊。

祝愿你在阅读中思考、在思考中进步、在进步中成长。

第一辑　前沿纵览

纳米技术就在我们身边

刘忠范①

如果说 20 世纪科技制高点是微电子技术，那么，21 世纪最亮丽的新星要算是纳米技术。

什么是"纳米"？20 世纪末，纳米刚刚从外国传入中国的时候，有人还因此闹了笑话，以为纳米是一种可以吃的米，到处打听这种米贵不贵，与传统大米相比味道有何不同。其实，纳米这东西看不见，摸不着，因为它只是个长度单位，而且极其微小，一个纳米长度相当于十亿分之一米，即大约只有一根头发直径的十万分之一。

1959 年，美国物理学家费曼提出将《大英百科全书》的内容缩小在一个针尖上的构想，就是将整座图书

---

① 刘忠范，中科院院士，北京大学博雅讲席教授，北京大学纳米科学与技术研究中心主任，北京石墨烯研究院院长。本文选作课文时有改动。

馆藏书存放于一个极小的空间。这种轻、薄、短、小的概念，就是纳米科技发展的原动力。

将近半个世纪以来，纳米技术不断取得突破性进展，其应用越来越广泛。

纳米技术可用于环境的治理和改善。汽车尾气对环境的污染非常严重，纳米科技就可以解决这个问题。用纳米材料制成的电池用于绿色环保汽车，不仅能使汽车跑得很快，还不会产生尾气，因为它燃烧后产生的是没有污染的水，这就从根本上解决了汽车尾气的污染问题。

摩天大楼上的玻璃虽然美观，可清洗起来却是费神而又危险的事；但是，如果使用经纳米科技处理过的玻璃，即可轻松解决这个难题。纳米化的玻璃比一般玻璃更细密，灰尘无法附着在光滑的表面，一遇到下雨，水滴就可以将灰尘带走，玻璃因此可以光亮如新。

纳米技术在医疗上也可以大显身手。举个例子，我们感冒后吃药，一般吃一次管 12 个小时，而用纳米技术制成的药，服一次可以管一周，甚至管一个月也有可能。再举个例子。原本要开刀的重病，因为纳米科技而将发生根本改变。也许有一天，只需运用迷你医疗仪器，让它顺着蜿蜒曲折的血管进入病人的体内，就能找出疾病的根源，这样，不用开刀便"米"到病除。

　　看来，纳米的梦想已经起飞，纳米科技正持续发展。纳米技术的应用，将给我们的生活带来深刻的变化。在不远的将来，我们的衣食住行都会看到更多纳米技术的身影。

引力波之谜

甘本祓①

举世惊艳

2016 年的春节为何分外热闹？因为 2016 年 2 月 11 日，美国国家科学基金会（NSF）会同加州理工学院（Caltech）、麻省理工学院（MIT）和激光干涉引力波天文台（LIGO）科学合作组织（LSC）的科学家，在华盛顿国家媒体俱乐部举行新闻发布会，向全世界正式宣布：人类首次从地面直接成功地探测到了引力波！

早在 100 年前的 1916 年，爱因斯坦发表广义相对论后，就预言了它。

LIGO 实验室执行主任、加州理工学院教授莱兹在

①　甘本祓，微波技术专家，教授，高级工程师，中国科普作家协会荣誉理事。

新闻发布会上异常激动地说：

  我们探测到了引力波！我们做到了！……这也是首次听到宇宙通过引力波与我们的对话，在这之前，我们都听不见……对引力波的直接探测，实现了50年前就定下的伟大目标：直接探测难以捕捉的事物，更好地理解宇宙。我们在爱因斯坦广义相对论发表100周年之际，完美地续写了爱因斯坦的传奇。

  LSC发言人、路易斯安那州立大学天文物理学家冈萨雷斯接着说："这项探测是一个新时代的开始，引力波天文研究不再是纸上谈兵。我们能'听'到引力波，从而就能'听'到宇宙，这是引力波最令人欣赏之处！"

  探测引力波事件发生在2015年9月14日9时50分45秒（世界协调时间）。该波从南方来，先经过美国利文斯顿激光干涉引力波天文台，后经过汉福德激光干涉引力波天文台，只差7毫秒，与光速扫过两台的时间相符。信号波形相同，频段一致，信号频率范围为35～250赫兹。据此断定是同一波。为防误判，科学家们又经过了5个月的分析、研究、鉴别，最终肯定了探测成果的可靠性，这才慎重地公之于众。

这个引力波是由两个黑洞的碰撞与合并时产生的。它俩各自的质量分别相当于太阳质量的 36 倍和 29 倍。按说，它们合并后的质量应是两者质量相加，即 65 倍太阳质量。但事实却是：合并的黑洞质量只有 62 倍太阳质量。那还有 3 倍太阳质量呢？是它俩旋近、合并之际，转化为引力波辐射到宇宙中去了。

这是人类第一次探测到引力波，也是首次直接证实了黑洞的存在，亦是首次测得两个黑洞的碰撞与合并。可谓一箭三雕、意义非凡！有人说："这是一项划时代的成就！"还有一些人说："应把 2016 年称为引力波世纪元年！"

为将此事载入史册，特将其定名为：GW150914。其中，GW 是引力波的英文字头缩写，后面就是测到它的日期：2015 年 9 月 14 日。

按说，人们对"引力"二字并不陌生，早在 17 世纪，物理祖师爷牛顿就已讲过，那就是连小学生都知道的万有引力定律。且不论是否因为苹果掉下来砸了牛顿的头，才促使他思考，但人们却早已形成共识：人之所以能站在地球上、而没有被抛上天，就是地心引力的功劳。可是，过了 300 多年，在"引力"之后，又加上一个"波"字，为什么人们就如此惊艳呢？下面就来揭开这个谜。

大师预言

这事，归根到底都是因为爱因斯坦的"异想天开"所致。想当初，在瑞士首都伯尔尼的国家专利局，担任三级技术员的 26 岁的毛头小伙爱因斯坦，敢于挑战权威、大胆创新，于 1905 年发表了狭义相对论，推翻了绝对空间、绝对时间、质量与能量无关和以太说等经典物理学的一系列旧观念，建立了现代物理学的一系列新观念，却留了一个引力问题悬而未决。于是，他又十年磨一剑，于 1915 年发表了广义相对论，推出了引力场方程，建立了引力的新观念。这个新观念的核心，就是把引力用时空弯曲来解释。例如，地球围绕太阳转，是因为太阳的巨大质量，使太阳周围的时空发生了弯曲。

1916 年 6 月，爱因斯坦在《普鲁士科学院会刊》（物理数学卷）上发表文章，预言了引力波的存在。1918 年 2 月，爱因斯坦又在该刊发表文章，进一步阐述了他的引力波观点。那么，什么是引力波呢？既然广义相对论认为引力是时空弯曲，那么引力波当然就是弯曲时空的波动。由于这种波动相对较弱，因此科学家把它称为"时空涟漪"，英文为"ripples of space-time"。

可是，时空又怎么会起涟漪呢？广义相对论认为，在非球对称的物质分布情况下，物质运动或物质体系的质量分布变化时，特别是大质量天体作加速运动或致密双星系统在相互旋近与合并的过程中时，都会明显地扰动弯曲的时空，激起时空涟漪，亦即产生引力波。

如此说来，引力波真是无处不在，连我们自己举手投足之际，都会有引力波产生，只不过太微不足道罢了。只有宇宙中的那些庞然大物激发出的引力波，才能惊天动地。即使如此，宇宙中一直有各种引力波向我们传来，但古往今来，我们却对之"视而不见""充耳不闻"……

为什么？因为根本没人知道还有这么一回事！这点和电磁波的历史倒是颇为相似。想当初，没人知道有电磁波，全靠有个名叫麦克斯韦的英国人，归纳前人电磁学的研究成果，加上自己的创新，推演出了一组方程，后人称之为"麦克斯韦方程组"，他从理论上预言了电磁波，而且认定光波也是电磁波。

"引力之父"牛顿　　"引力波之父"爱因斯坦　　"电磁波之父"麦克斯韦

引力波的遭遇也与之类似。幸亏出了个爱因斯坦，用他推演出的引力场方程，算出了这个无人知晓的引力波！按照他的说法，引力波虽然也算是一种机械波，却不像声波。声波要靠介质（例如空气或水）传播，而且速度不快。引力波则可在真空中传播，而且速度等于光速，这点倒是很像光波，但是它又与可见光波不同，它"看"不见，只能靠"听"。而且引力波与光波以及所有电磁波不同的是，它在传播过程中不会与其他物质发生作用，因而可以不受影响地传播。一句话总结，引力波是一种既不同于一般机械波，又不同于电磁波的崭新的波！

百年寻觅

千百年来，人类曾是靠肉眼仰望星空、幻梦宇宙。后来，发明了可见光望远镜、建立了光学天文台。再后来，又发明了射电望远镜、发展了航天技术，从而可以在地面和天空建设台站，更全面地观测和研究宇宙。但归根结底，这一切手段都是靠电磁波（包括光波）来实现。如今，突然别有洞天！

如果真如爱因斯坦所预言，宇宙中还有引力波，这不仅证实了广义相对论的正确，使人类能建立起更为科学的宇宙观，而且在电磁波之外，又开辟了一个观测宇宙的新途径。例如黑洞、暗物质、暗能量等——有人风趣地称之为宇宙的"黑暗面"——这样一些人们还知之甚少、而电磁波又使不上劲的探测，就可以靠引力波来实现了。这将大大提高人类研究宇宙的能力，一个新的学科：引力波天文学亦将应运而生！这是多么诱人的前景啊！于是，科学界开始了寻觅引力波的长征。人们决心沿着两条路继续去探寻。一条是寻觅间接证明引力波存在的例证；另一条是研究新的、更精密有效的直接探测仪器。

　　1993 年 2 月 10 日，有两个美国人进入华丽的斯德哥尔摩音乐厅，在乐声和掌声中，从瑞典国王手中，接过了该年度的诺贝尔物理学奖。他们是谁？又因何获此殊荣？

　　他们，就是普林斯顿大学等离子体物理实验室的天体物理学家赫尔斯和他的导师泰勒。赫尔斯于 1974 年，用设于波多黎各的阿雷西博射电望远镜，发现在天鹰座天域有周期性脉冲信号辐射，脉冲周期为 59 毫秒。经他们研究确定，这是颗脉冲双星，这也是人类第一次发现的脉冲双星，故被命名为"赫尔斯-泰勒脉冲双星"。其主星和伴星均为中子星，质量分别为 1.44 倍和 1.39

倍太阳质量，两星距离最近时为 1.1 倍太阳直径，最远时为 4.8 倍太阳直径。它们围绕共同的质心转，公转周期约为 7.75 小时。经过长期跟踪观测，他们还发现了一个奇怪的现象：其轨道周期呈变小趋势，每年减少76.5 微秒。

这是为什么呢？经反复研究，他们认为，这种质量密度很大的双星系统，在旋近的过程中，会以引力波辐射形式损失能量，从而造成两星逐渐接近，轨道周期也会发生衰减。于是，他们用广义相对论进行核算，得出的结果与实测数据吻合。这也就间接证明了引力波的存在。

哈！这可是人类历史上第一次寻觅到了引力波的芳踪！于是，诺贝尔评委会的专家们决心要好好奖励一下这两位能人。这，就是 1993 年的诺贝尔物理学奖。

间接证明已获奖，那直接证明怎么办？又有两位引力波铁杆粉丝，决心要在地球上直接探测到引力波，这两个人，就是麻省理工学院教授韦斯和加州理工学院教授索恩。正是韦斯提出了用类似米切尔森干涉仪的光学方法，提议建设激光干涉引力波天文台（LIGO）来直接探测引力波。当激光被分束器分成两束后，会沿干涉仪相互垂直而等长的两臂传播，再经两臂末端悬挂的反射镜反射回来，再次相遇，从而产生干涉，形成干涉条纹。这时候，当两边光程相同时，会呈亮纹；若光程差半个波长时，则会互相抵消呈暗纹状。正因如此，当引力波来时，两臂的镜子受振不同，这时，激光束在两臂中走的光程就会发生差异，即干涉条纹受干扰而变动，科学家就是利用这个激光干涉原理，从而探测到了引力波。

当然，为了提高精度，科学家们会让激光束在臂中多次反射，这样，使光子的有效光程可达臂长的几百倍。例如，后来按此原理建成的激光干涉引力波天台，两臂长度虽然只有 4 千米，却可以达到 10 的负 21 次方的测距精度。形象说来，它甚至可以测得一个质子直径千分之一大小的微小距离，或者说，可以"听"到千亿分之一英尺（1 英尺 = 0.3048 米）的微小振动。所以，它是当今世界上最精密的光学仪器哦！

而加州理工学院的索恩，更是个引力波迷。他不仅是当今世界研究广义相对论和宇宙学的领军人物之一，而且酷爱创作。他的名著《黑洞与时间弯曲：爱因斯坦的幽灵》培养了不少粉丝，而他参与拍摄的好莱坞科幻大片《星际穿越》又迷倒不少观众。

正是韦斯和索恩牵头，使麻省理工与加州理工两大名校的科学家们联手完善了用激光干涉原理探测引力波的方案，解决了一系列引力波探测的理论和实际问题，促成了 LIGO 的诞生。在建设时，他们又得到了加州理工学院的实验物理学家德莱弗的鼎力相助，他是提高探测仪性能的关键人物。有人预测，如果也为这项成果发一个诺贝尔奖的话，他们三人应当是最佳人选。也正是他们，感动了美国国家科学基金会和美国国会，才能有大量的资金投入到这项研究之中！

功夫不负有心人，爱因斯坦广义相对论发表 100 周年纪念刚过，他们终于美梦成真！

气象卫星智擒台风的秘密

曹静①

每年夏天，总有一些"坏家伙"，或独来独往或成群结队地跑到沿海地区捣乱，所到之处狂风暴雨，给自然界带来极大的损失，有时还会夺人性命。这些"坏家伙"就叫台风（北美洲叫飓风）。长期以来人类想尽各种办法来监测它的强弱和走向，以便提前应对，减轻它对我们带来的伤害。

台风的前世今生

辽阔的大海是孕育台风的"妈妈"。热带、亚热带海洋上充足的光照、丰富的水汽、温暖的海水是它出生的条件。当海面温度升高后，海水蒸发变成水蒸气上

---

① 曹静，广州女科技工作者协会会长，广州气象卫星地面站原副站长，中国卫星气象领域科技传播专家，正高级工程师。

升，四周的较凉空气迅速填充并继续受热上升，就在中心形成了一个低压区，蒸汽在天空遇冷凝结又释放热能，造成低压区越来越热，这样反复积蓄的能量为台风生成提供了温床。随着风速增大、气压变低，气团旋转起来，通常我们叫它"热带气旋"，气旋在高海温区域吸收的能量越多就旋转越快，离心力也越大，这样中间渐渐形成一个像洗衣机甩干衣服时那样的空洞，这个空洞就是台风眼。

热带气旋形成后往哪走？走多快？带来多少降水？是长成受人欢迎的小清新（只为大地带来解除旱情的雨水、为人们带来解暑的凉风），还是长成无恶不作的大恶魔（所到之处农田被淹、交通瘫痪、抢人财物、夺人性命）？这完全取决于其生长环境。它背后有个叫"副高"（副热带地区的暖性高压天气系统）的"大老板"起着关键作用，这个大老板束缚着热带气旋沿着自己的边缘走，途中遇到携着暖湿水汽的夏季风时，往往讨喜的小清新式台风，吃点"点心"（暖湿水汽）就继续赶路。而"坏小子"式台风则在吃饱喝足后还会从夏季风手里抢夺更多的"点心"（暖湿水汽），有时还懒洋洋躺在高温海面上养膘，暖湿气流借助风势转着圈往上跑，一遇冷气就凝结下雨，而风眼却被热得无法"感动流泪"（凝不成雨滴），成了无风无雨的地带。能量越足的台风，台风眼越明显，发起脾气来越可怕。无论好坏所有台风成年后都会不顾大海母亲的挽留直接向陆地奔去。

离开大海母亲的怀抱后，这些胸围一般为 600 ~ 1000 多公里、最小超过 100 公里最大可达 2000 公里的大胖子，在登陆后由于失去水汽营养供给迅速"脂肪耗尽"，最后死于"营养不良"。个别台风能量耗尽前会再次转向大海汲取营养第二次登陆，但无论如何它们最终还是逃脱不了魂归大地的命运，正像万物有生必有死一样。只是比较乖巧的台风会像彬彬有礼的小青年，告别大海母亲后一路欢快地给陆地带来降水，给人们带来清凉，人畜无害，大受欢迎；而暴躁的台风却把自己活成了飞扬跋扈的大恶魔，依仗着无敌能量和呼风唤雨的威力横行霸道，最终被台风委员会从台风名单里除名，甚至被永远钉在历史的耻辱柱上。

再聊聊卫星的擒台秘密

现在大家都知道了，台风通常很大很"胖"，最小腰围也在百公里以上，而且它会受更巨大的"副高"老板控制，脾气"阴晴不定"、路线"模糊不清"。20世纪60年代前，要想知道它在哪出生？长得多大？去到哪里？是完全不可能的。因为极度缺少海上观测资料，人们没有任何办法能知道台风的样子。老一辈海边人常常通过祭拜妈祖保佑亲人安度天灾，这与其说是迷信，倒不如说是将敬畏的大自然拟人化身为妈祖；如今大家知道，自从有了气象卫星，没有任何台风能逃离人们的视线，卫星每时每刻都盯着海面的一举一动，就连台风的美丑：如风眼是"单眼皮"还是"双眼皮"，都看得一清二楚，对它的藏身之地更是了如指掌。然而多数人知其然却不知其所以然，卫星擒台的秘密是什么呢？原来气象卫星真有不少神功呢。

首先，气象卫星会在发射和运行中做"八段锦"来为"捉台风"热身：攒拳闭目增气力，背后七颠入云霄——它在发射中要抗击足够的发射冲击力和承受强烈的颠簸才能冲入云霄；眼睛睁开理三焦，左右开弓伸懒腰——它入轨要打开太阳能帆板和携带的各种仪器才能工作；调理身心靠自强，心情畅顺往地瞧——它在轨努力调整姿态还要和地面建立好的通信联络，保持星地畅通状态，为正常运行打下基础；自旋体转摆正位，三轴稳定固腰肾——卫星保持全天候自旋或三轴稳定姿态，是获取准确遥感信息资料的保证。

其次，做完"八段锦"的极轨和静止气象卫星开始上岗，开始精神抖擞全天候值班：瞪着火眼金睛牢牢盯着地球及大气的一举一动，星上的仪器就像"千里眼、顺风耳"，有的会拍照，速度达 500 张/秒；有的会测海温，看海面有没有发烧；有的能做"B 超"，监视哪里有气旋产生；有的能做"CT"，可以把台风内部的暖心结构看得一清二楚……无论众人眼里的优秀"小清新"还是如脱缰野马的"坏分子"，都成了逃不出如来佛手心的孙悟空，就连台风背后的大老板"副高"以及台风经常光顾的夏季风也都在其掌控中呢。每当卫星监测到很暴躁的台风，会迅速在地面系统指挥下进入无级变速区域观测模式，以最快速度（分钟级）把侦察到的信息传回地面，还频繁地与地面的数值预报专家系统进行

"隔空互动"，确定重点观测区域。以前不可一世、根本不屑理会人类祈祷的台风，现在连想"逃跑"的方向和路线、脾气的大小都在卫星监测及预报模型下被科学家们研究得越来越透，聪明的人类可以识别台风的好坏了。当遇到"小清新"式的台风时，人类与它相处甚欢，当"大恶魔"式台风来袭时，人类也能早早做好应对准备。

量子计算机是什么？

高博①

量子计算机已经研发 20 多年了。许多科学家都在努力实现它。美国谷歌公司造出了一台原型；中国科技大学也造出了一台原型。量子计算机模仿计算机，但用的是"量子"。大家希望，它能比现在的计算机算得更快。

我们现在用的经典计算机，用电压的高低，代表数字 1 或 0。而量子计算机用的不是电压，而是正向自旋与反向旋转的一个个电子，或是站直振动与躺平振动的一道道光，或者是别的东西。

传统计算机是这么玩的：一排电路代表一串数，如 10011001。这串数根据计算规则，不停地变换，最后变成一串新的数字，就是计算结果。量子计算机同样

---

① 高博，《科技日报》编辑。

如此。

但量子计算机的不同之处，是它的数字没那么死板，既不是完全的 0，也不是完全的 1。比如，它可以是"六成的 0 和四成的 1"。这让它有了超能力。学过一点量子力学才能理解它的奥妙。

什么是"六成的 0 和四成的 1"呢？

高中的物理书会告诉你：20 世纪初的实验发现，物质细小到极限，就无法被准确测量。因为测量意味着干涉，哪怕你只看一眼。当对象微小到了量子级别，它的状态会被观测彻底破坏。东西越小，就越显得模糊。你去测量一个电子的位置，这次测出来在北京，下次测出来在天津。我们只能说"这个电子大概率顺时针旋转""这道光大概率平躺着振动"。

虽然单次测量的结果不一定，但多次测量，会发现具有确定的概率。同一个数时而读出 0，时而读出 1；但多次去读，出现 0 的概率会趋于一个定值，比如说 60%。

为什么量子计算更快？因为概率比起单纯的 0 或 1，更复杂。

传统计算机存储的是"10011001"。

量子计算机存储的是"钟钟钟钟钟钟钟钟"。请你想象酒店大堂里挂的一排钟表。而这些钟的时针，可以指向零点，可以指向三点，可以指向一点半，或指向任意一个角度。

传统计算机里，1+0＝1，1+1＝2。

量子计算中，"三点"和"零点"叠加为"一点半"，再叠加"三点"，得到的是"两点一刻"。

所以说，量子数字（概率）可蕴含特别复杂的信息。"以一抵多"。一个数字投入计算，等于好多信息一起计算，这就是"并行计算"。

潜力发挥到极限的情况下，量子计算机的算力比起传统计算机，是 $2^n:1$。

但要指出：量子计算机的结果，也是多次计算后，统计出来的概率数。量子计算机与传统不同，它要一次次重复程序，一次次地读数（每次结果都不一样）。周而复始，足够多次（让概率的可信度超过 99.99999%）后，统计出各量子位为 1 和 0 的比例，那就是需要的数字。碰上不太复杂的计算任务，量子计算机会比经典计算机更慢。

迄今数学家证明，在两种场景中，量子计算机大大快于传统计算机。

首先是破解 RSA 算法。RSA 算法是现在最常用的加密方法，其机理是利用因数分解的困难——把两个大质数相乘很简单，而把乘积拆成两个质数，计算机可能得算几万年。

所以银行可以公开发送一个几千位的数字，并掌握它的两个质数因数，而不担心有人算出这两个质数因数。

但二十多年前皮彼·休尔提出了一种基于量子计算机的算法，可以轻松分解因数，这也让学界研发量子计算机的兴趣大增。

另一种可能的应用是"搜寻未排序的大数据库"，或者叫"大海捞针"。传统计算机只能一个一个比对目标，而量子计算机则可以并行计算。传统计算机要花费一百万小时的任务，后者一千小时就能解决。

除了以上两类计算，量子计算机还被寄希望于未来在化学、制药等领域大发神威。理由是：不同于传统计算机，量子计算机是真正的模拟计算机，可以重现真实的自然。

传统比特的 0 和 1 相当于黑白两色，量子比特的"可以指向任何角度的时钟"就相当于全彩色谱，可显示出任何一种颜色。

如果说传统的计算机是斑马，量子计算机就是彩虹。世界是多彩的，用彩虹去描绘世界，当然更直接，更便捷。

但量子计算机很难实现，因为蕴含了丰富信息的量子很脆弱，动不动就会崩溃。

各种量子实验，都伴随着独特的困难。要将信息编码在一个非常微小电子或原子核上，首先要把它孤立开来，让它跟周边不作用。这种细微的控制是很难的。

而编码在光子上，光停不下来，电磁场又左右不了它，操控起来也很麻烦。目前科学家在实验几十种载体：电子、光子、陷阱里的离子……他们还在试图让几十个量子同时稳定，别太快崩溃。这是能稳定操纵它的前提。

当病毒成了人类的战俘

顾卓雅①

序

上古战场，我们的祖先与病毒缠斗了上亿年。一些病毒入侵了祖先的基因组，被封印起来，成为战俘。时至今日，这些病毒战俘有的保持沉默，有的伺机作恶，有的已弃暗投明，服务于人类。

你知道吗，人类基因组约有 8% 是病毒序列！这些病毒是怎么成为基因组战俘的？它们在基因组里干什么？能为我们所用吗？病毒是怎么被俘虏的？

病毒感染宿主后，两者之间的战争就开始了。除了

---

① 顾卓雅，复旦大学生物信息学博士，上海市科普作家协会会员。《环球科学（中文版）》《知识分子》《探秘》《科普时报》《顾小姐的百草园》等媒体撰稿人。

你死我活（宿主消灭病毒）和两败俱伤（病毒杀死全部宿主后消亡），还有许多病毒以战俘的形式和宿主共存。

病毒要成为宿主基因组的战俘，需要具备三个条件。

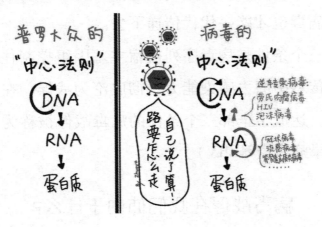

"中心法则"规定了遗传信息的传递方向，通常是 DNA→RNA→蛋白质。但一些病毒却使用了其他的方向。（绘图：顾卓雅）

第一个条件是病毒具备进入基因组的能力。只有病毒中的少数能进入基因组，这需要它们具有与生物普适的"中心法则"对抗的天赋。在"中心法则"中，DNA①→RNA② 被称为"转录"，因此 RNA→DNA 被称为"逆转录"，能进行逆转录、走进基因组的病毒就被

① 指脱氧核糖核酸，是生物细胞内含有的四种生物大分子之一核酸的一种。DNA 携带有合成 RNA 和蛋白质所必需的遗传信息，是生物体发育和正常运作必不可少的生物大分子。

② 指核糖核酸，存在于生物细胞以及部分病毒、类病毒中的遗传信息载体。

称为逆转录病毒。

第二个条件是病毒进入的必须是生殖细胞的基因组。只有这样，生殖细胞长成的孩子全身细胞都会带上病毒，病毒也才能一代代传递下去。

第三个条件是病毒序列被宿主基因组控制住，并在一代代传承中磨去感染能力，彻底沦为战俘。在人类基因组中，达成了全部三个条件的病毒战俘被称为人内源性逆转录病毒（HERV）。

病毒战俘在我们体内干什么?

战俘通常有三种状态：1. 老实改造，不立功不造次；2. 贼心不死，伺机暴动；3. 改造从良，奉献社会。

第一类老实改造的战俘一般不引人注目。

第二类贼心不死的"刺头"战俘一旦暴动，可能会损害细胞，进而引起疾病或恶化病情。"刺头"也可能激起宿主免疫反应导致自身免疫疾病。在癌症中，由于癌症细胞的基因组监狱管理松散，极易让病毒序列"越狱"而出，导致病情恶化。

第三类改造成功，弃暗投明的战俘大多从辅助工作做起，协助宿主让基因组的工作更加多样化和精细化。另一些战俘因为自己原为病毒，对病毒更为了解，于是帮助基因组对抗新入侵的病毒。更有一些战俘发挥自己外来人的优势，为基因组注入了新鲜的血液，提供了更多进化的可能。其中，不乏已经成为人体中流砥柱的"模范战俘"。

模范战俘——合胞素

在人类胎盘中，有两个病毒战俘参与了工作。

1号战俘是合胞素1，主要负责在胎盘与子宫接触的部位，让许多细胞融合在一起，形成一层"多核巨细胞"结构——合胞体滋养层，以便母体将营养物质传递给胎儿。

2号战俘是合胞素2，主要负责协助1号战俘，抑制母亲的免疫系统，防止她产生排异反应攻击胎儿。

然而，合胞素基因在病毒被俘之前是用来危害宿主的，有包膜的病毒用合胞素让细胞融合成巨大的合胞体方便自己扩散。

在哺乳动物的进化之路上，病毒合胞素在多次战役中被基因组分别抓获，并在成为战俘后，不约而同地帮助宿主形成胎盘。可以说，没有病毒战俘合胞素基因，就没有哺乳动物，也就不会有现在的人类。

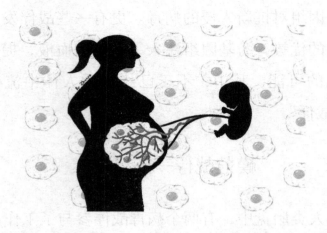

合胞素对胎盘形成至关重要。实验中，敲除合胞素 A 的小鼠因无法形成正常的合胞体滋养层，不能正常形成胎盘和产生后代。（绘图：顾卓雅）

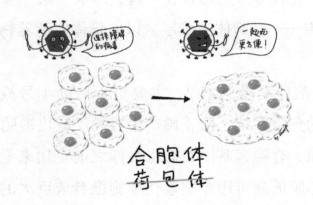

病毒改变了细胞膜上的蛋白，导致细胞融合。（绘图：顾卓雅）

神奇的是，除了哺乳动物，一些胎生的蜥蜴也有胎盘结构。不出意料，科学家发现这些蜥蜴也用上了来自病毒的合胞素基因。

战后记

在亿万年的监狱生活中，基因组监狱和 HERV 战俘互相制衡，发展出了复杂多变的关系。最新的研究表明，HERV 还能影响 DNA 的空间结构，在更高维度上影响基因组的功能。目前，大部分病毒战俘的状态我们还知之甚少，还需要持续的监控和深入的研究。

钻冰取火

郭友钊[1]

太阳系中，太阳不断进行核聚变，不断释放出光热，至少有 45 亿年的历史。地球吸收来自太阳辐射的光热，一方面因温度的差异而驱动大气圈、水圈的机械运动，转化为水能、风能，另一方面通过光合作用，繁衍生物，把光热储存在生物质中，形成生物质能，表现为现今的薪材，地质时期中生成的煤炭、石油、天然气，并成为人类常用的能源。

人类在古代钻木取火，在现代则开始钻冰取火。所钻的冰俗称"可燃冰"，学名叫"天然气水合物"，呈冰的样态，当温度升高或者压力降低失稳的时候，可以释放出可以燃烧的气体如甲烷等。天然气多可燃烧，水不仅不可直接燃烧，还会浇灭火苗，具有"水火不容"

---

① 郭友钊，中国地质科学院教授级高级工程师。

"冰炭不同器"的现象。可燃冰的科学发现，不仅突破了传统认识，而且有望成为取代常规石油天然气的新能源，为整个能源界所关注。

1934年，人类在室外首次发现了可燃冰：美国东得克萨斯油田输油管道系统，在冬天出现了"麻烦制造者"，一段又一段出现的冰坨，把管道堵得失去了输油的功效。当化学家把冰坨从管道里取出时（图1），冰块便分解，冒出的气体可以燃烧，用火苗也可点燃这种冰块，便把它归于"气体水合物"。其实，在实验室内，科学家早在1810年就使用氯气与水结合形成氯气水合物，1828年发现了溴气水合物，1882年发现了二氧化碳水合物和硫化氢水合物，1888年发现了甲烷和乙烷等烃类气体水合物（图2）。

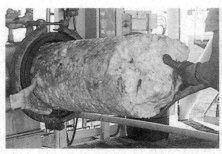

图1　堵塞输油管道的可燃冰　　　图2　燃烧中的可燃冰

可燃冰形成的条件，一是水与天然气的物质条件，二是低温与高压的物理条件。两种条件，在实验室易于控制，且屡试不爽，相同的条件获得相同的结果。基于此，1948年有学者从理论上推测，太阳光照不足而寒冷的极地、深海底床等自然界的冻土层中可能存在天然气水合物矿床。若存在这种天然气水合物矿床，特别是1立方米能释放出164立方米甲烷气的甲烷水合物，无疑具有非常重要的工业价值。因此，人们便开始从自然界中寻找这种新能源宝藏。1968年，科学家确认西西伯利亚的麦索雅哈气田所开发的一部分天然气来源于天然气水合物矿藏，由此坚信北极圈的冻土层中存在可燃冰。1972年，美国在阿拉斯加北部钻探获得天然气水合物岩心；紧接着，1974年，加拿大在马更些三角洲发现了天然气水合物矿藏。与此同时，科学家也认为深海大洋的底床温度低、压力大，也可冻成冰，也具有形成可燃冰的条件，冰封的面积比冻土圈的面积更大，更应该形成比陆地量更大、质更优的可燃冰。对这一理论进行了实践检验：1970年，国际深海钻探计划在美国东部大陆边缘的布莱克海台发现可燃冰；1979年，又在墨西哥湾钻出了91.24米厚的天然气水合物岩心，首次证实了海洋中存在具有很高经济价值的天然气水合物矿藏。

全球可燃冰的资源量为多少呢？不同科学家所掌握的资料不同，评估的方法存在差异，因此估算的结果差别较大，其中 2 亿亿立方米的估值为多数科学家的共识，它是全球煤、石油、天然气等常规化石能源资源总量的两倍。美国东部大陆边缘的布莱克海台的天然气水合物资源量不少于 12 万亿立方米，足以供美国 100 年使用；日本东南部海域天然气水合物资源量不少于 20 万亿立方米，足以供日本 1000 年使用。可燃冰新能源的潜在意义引起各国政治家的高度关注，它可能涉及近期的能源独立、能源安全以及地缘政治。

丰富的天然气水合物资源，自然吸引科学家进行开采试验。开发天然气水合物矿藏，当然是人类的共同梦想。在陆上，2002 年春天，美国、日本、加拿大、德国还有印度这 5 个国家的科学家合作对马更些三角洲的天然气水合物矿藏进行了开采试验，在 1200 米深外的试验井分解了天然气水合物，并在井口收集并点燃了甲烷气体，初试获得成功。在海上，2013 年日本在爱知县渥美半岛以南 70 千米外西太平洋试验，在 1000 深的海底钻进 330 米，获得海洋天然气水合物分解的甲烷气，首次成功开采了海洋天然气水合物。

与许多领域一样，作为发展中国家的我国在天然气水合物新能源领域也要追赶世界先进水平。2008 年，我国科学家在青藏高原的祁连山区钻获天然气水合物样品，2011 年进行的试开采获得成功；2007 年，在我国南海海域钻获天然气水合物样品，2017 年成功进行了第一次试开采，2020 年再次成功进行了试开采（图 3），成为世界上第一个拥有水平钻采技术试采海域天然气水合物的国家。

图 3　中国实现南海可燃冰的试开采

天然气水合物的野外开采，温度与压力的控制具有不确定性，很可能因偶然因素导致温度或者压力的失控而造成天然气水合物的大面积失稳，其释放大量的甲烷等温室气体若排放到大气圈中，则会加剧温室效应，造成全球性气候灾难。因此，天然气水合物的安全而可靠的开采技术，各国家正组织力量在深入研究之中，还未进行商业开采。

人机智能问答

王元卓①　陆源

　　随着计算机的计算能力、智能算法和大数据的快速发展，人机智能问答作为人工智能的一种代表性应用，正逐渐出现在人们生活和工作的方方面面。虽然我们身边的智能问答与科幻电影中的经典场景还存在很大的差距，但这个技术实现的基本原理和逻辑是一样的，本文结合经典科幻电影《钢铁侠》中的智能问答场景，来介绍一下智能问答是如何实现的。

　　我们假想一下《钢铁侠》电影中托尼·史塔克与智能管家贾维斯的一段对话。（图1）看看在科幻电影中的智能问答：

---

　　①　王元卓，博士，中国科学院计算技术研究所研究员，博士生导师，中国科普作家协会副理事长。曾获得国家科技进步二等奖和4项省部级和一级学会科技奖，2019年入选科普中国"十大科学传播人物"等。科普畅销系列图书《科幻电影中的科学》作者。

图1　科幻电影《钢铁侠》中的召唤战衣的场景

　　钢铁侠：贾维斯，把我的战甲发射给我。

　　贾维斯：好的，先生。

　　……

　　贾维斯：Mark42 战甲已发射，预计 15 秒后达到。

　　实现这样的人机智能问答需要包含：语音识别、问题理解、答案搜索、答案推理、答案生成和语音合成几个部分，下面我们来简单介绍一下，它们都是怎么实现的。

（1）语音识别

智能问答的第一步就是将问题的语音转换成系统可以识别的文本，以便进行后续的自然语言处理。流程如图 2 所示。

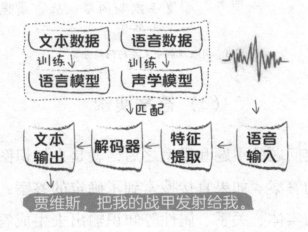

图 2 将语音问题转化成自然语言文本

（2）问题理解

可以把"把我的战甲发射给我"这个指令转换成另外一个问题去理解，也就是"钢铁侠的常用战甲中战力最强的是哪个"。通常智能问答中，系统要首先判断问题的主题，找到其中的主题实体；然后通过问题的关系类型判断来进行问题理解，典型的关系类别包括如图 3 所示的几种。

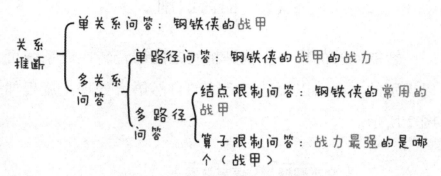

主题实体推断：钢铁侠

关系
推断
├── 单关系问答：钢铁侠的战甲
└── 多关系
    问答
    ├── 单路径问答：钢铁侠的战甲的战力
    └── 多路径
        问答
        ├── 结点限制问答：钢铁侠的常用的战甲
        └── 算子限制问答：战力最强的是哪个（战甲）

图3　问题理解中主要的问题分类

（3）答案搜索

确定问题的主题和类型之后，就是在知识图谱中搜索可能的答案。如果直接搜索到了确定的答案，就直接将相关的实体、关系、属性等知识输出去生成答案，搜索过程如图4所示。

图4　如何在知识图谱中搜索可能的答案信息

（4）答案推理

很多时候，答案的内容是无法从知识图谱中直接获取的，需要进行各种推理，这种推理的过程，就是运用各种算法对知识图谱中知识的等价、比较、逻辑等运算从而推理出可能答案。典型答案推理实例如图 5 所示。

a. 等价推理　　　　　　　　　　　　b. 比较推理

图 5　典型答案推理实例

（5）答案生成

根据对问题的理解和答案的搜索与推理，得到如下信息集合：

{Mark42 战甲，发射时间，发射坐标，目标坐标}

$$飞行时间 = \frac{距离（发射坐标，目标坐标）}{Mark42 \ 战甲飞行速度}$$

到达时间 = 飞行时间 -（当前时间 - 发射时间）

生成自然语言回答语句，如图 6 所示。

"Mark42战甲已发射，预计15秒后到达。"

图 6　生成答案文本

（6）语音合成

　　智能问答最后一步就是进行语音的回答，也就是将生成的文本信息转化成语音来实现类似人与人之间的沟通方式，主要过程如图7所示。

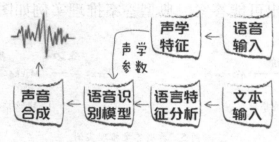

图 7　答案文本转化成语音输出

总结

　　本文结合《钢铁侠》中的场景和人物关系，简单介绍了人机智能问题答中的主要技术点和工作流程。但当前我们的技术能力距离实现科幻电影中的水平还有多远呢？举个简单的例子，如果把电影中的场景用现在的技术来实现可能的过程会是这样的：

　　钢铁侠：贾维斯，把我的战甲发射给我。

　　贾维斯：先生，发射哪件战甲。

　　钢铁侠：战斗力最强战甲……

贾维斯：先生没有找到"战斗力最强战甲"。

钢铁侠：快点，我快坚持不住了……

注：本文节选自王元卓、陆源所著《科幻电影中的科学：科学家奶爸的 AI 手绘》，科学普及出版社 2021 年出版。本文已获授权。

第二辑　太空探索

火星，中国来了！

郑永春①

从火星冲日说起

太阳系是我们的家园，地球是太阳系中的一颗行星。在太阳系中，地球是第三颗行星，火星是第四颗行星，它们都绕着太阳转。虽然，以大小比较，金星是与地球最接近的行星。但是，以相似性而言，火星才是整个太阳系中与地球环境最相似的行星，因而也是最吸引人前往探索的星球。

在古代，不管是东方还是西方，人们大多把火星当作不吉的象征，因为它的颜色是红色的。在西方神话中，火星被视为战神的象征，代表着战争、血腥和

———————

① 郑永春，中国科学院国家天文台研究员，主要从事月球与行星科学研究。

火星是整个太阳系中与地球环境最相似的行星，也是最吸引人前往探索的星球。

灾难。

火星冲日是一种常见的天文现象，每当天空中火星和太阳分处地球的两侧，太阳、地球、火星在一条直线上时就会出现。火星冲日前后，黄昏时，太阳刚一下山，火星就从东方的天空升起。黎明前，火星刚从西方的天空落下，太阳就升起来了。这就好似肩上的扁担，一头翘起，另一头就会落下。深夜的时候，太阳在我们脚下的另一个半球，火星恰好在头顶的正上方，相当于整夜都可以看到火星。只要天气晴好，夜幕降临后，面向东方，你就会看到地平线上升起来一颗亮星，就像一颗红宝石，镶嵌在黑色的天幕之上，熠熠生辉，美艳无比。

火星冲日的时候，是从地球上观测火星的最佳时期。航天时代以前，每逢火星冲日，全世界的天文学家都会把望远镜对准火星。1610 年，伽利略把望远镜第一次对准了火星，但他的望远镜实在是太简陋了，似乎没有留下什么证据，说明他当时没有什么发现。毕竟，从地球上观测火星还是太远了。

很多人在介绍天文现象时，经常会用多少年一遇说明它的罕见性。2020 年 10 月 14 日，是 26 个月一遇的火星冲日。至于观测火星的时机，其实不限于火星冲日这一天，冲日前后的两三个月，都是从地球上观测火星的好时机。整个 10 月，火星都是夜空中最亮的那颗星，而且长时间可见。通过普通的天文望远镜，我们就能看到火星的红色表面、明暗变化，甚至还能看到白色的极冠。运气好的话，或许还能识别出长达 4000 千米的水手大峡谷。

时至今日，仍然有一种说法认为，火星冲日和个人运势有某种关系，这是没有任何道理的。火星冲日时，地球和火星这两颗行星在太阳的同一侧，都朝着太阳的方向，是一种周期性出现的自然现象。就像操场上跑步的两位同学，不管谁快谁慢，多跑几圈，总有机会出现两人并肩跑的情况。

你可能听说过"水逆",也就是"水星逆行",其实火星也会出现逆行。如果长期观测火星,就会发现它在天空中的轨迹(黑暗的夜空没什么参照物,轨迹是相对于恒星组成的背景图案而言)很是诡异。大多数时候往前走(顺行),有时停住不走了(留)。滞留一段时间后,又开始后退(逆行)。退了一段时间,又开始往前走了。行星逆行是很常见的天文现象,从地球上看,太阳系的所有行星都会出现逆行,但这只是我们从地球上看事物的直觉,并不符合客观事实。其他行星和地球一样,都绕着太阳逆时针公转,它们到地球的距离有时远、有时近。如果站在太阳系上方俯视,你会发现,火星不会逆行,水星也不会逆行,所有行星都不会出现逆行。

火星冲日、火星逆行,以及水逆、星座、流星雨等等,这些都是常见的天文现象,与国家和个人的命运没有任何关系。我们在地球上的生活主要受太阳的引力和辐射的影响,其他行星的引力、辐射,对我们基本没有影响。就像莎士比亚曾经说过那样:"掌握我们命运的不是星座,而是我们自己。"

天问一号

在太阳系中，火星与地球的环境最相似，是深空探测的重点。世界各国已经开展了 40 多次火星探测任务。现在，中国人开始追赶了。2020 年 7 月 23 日中午 12 时 41 分，中国在海南文昌航天发射场发射了"天问一号"火星探测器，正式开启了中国行星探测计划。我有幸在现场，亲眼见证了火箭升空的那一刻，这次成功来之不易。

《天问》是 2300 年前我国浪漫主义诗人屈原写的一首长诗，表达了中国人对天地万物和人类社会等现象的好奇，展现了中华民族不畏艰难、追求真理的决心和意志。"揽星九天"是我国首次火星探测任务的标识，也是中国行星探测计划的整体标识。标识展现了八大行星环绕太阳运行的轨道，意味着中国不仅将探测火星，还将探测其他行星及其卫星和小天体。"天问一号"，是中国首次火星探测任务的名称，在"天问一号"之后，未来还会有"天问二号"、三号、四号……对太阳系的其他天体进行探测。

中国火星探测工程是在探月工程六战六捷的基础上实施的，"天问一号"继承了我国月球探测时使用的一

　　"天问"系列中国行星探测工程的标识。一条条开放的椭圆形轨道，构成了独特的字母"C"的形象，包含了三层含义，一是"China"（中国），代表"中国"开展行星探测；二是"Cooperation"（合作），代表"协同攻坚、合作共赢"的精神；三是"C3"，行星探测工程设计最重要的物理量，是深空探测运载能力和探测器到达地外天地能力的重要表征。

些成熟技术。比如，"天问一号"在最后阶段登陆火星时，采用了像"嫦娥三号"那样火箭反推以及四条着陆腿的方式。然而，月球探测和火星探测也有很大的不同。比如，月球上没有大气，登陆月球靠发动机反推就可以实现减速，但火星就不同了。登陆火星需要穿越大气层，经历"黑色七分钟"。首先，利用大气提供的阻力，摩擦减速，就像流星划过夜空。然后，打开降落伞，进一步利用大气阻力减速；最后，发动机短暂工作，通过反推进行减速。多种减速方式综合使用，才能成功实现登陆火星。由于探月工程的成功实施，我们在开展火星探测时更自信。"天问一号"三步并作一步走，通过一次任务，实现对火星的环绕、着陆、巡视三大目标，步子跨得更大。

以前，在大海中航行的船只，根据天上的星星确定航向。在茫茫宇宙中飞行的火星探测器，则是根据地球、太阳、恒星的相对位置变化，确定出自己所在的位置，实现导航，精准地瞄准火星。登陆火星表面后，火星车上下坡的时候，通过观察太阳的方位，感应重力的方向，计算自己的姿态，评估安全性。火星车还可以通过观察火星表面的山峰和石块等显著标志，确定行驶路线。

"天问一号"发射之后，从地球所在的"三环"，飞向火星所在的"四环"，成为一颗环绕太阳飞行的人造行星，在追逐火星的路上飞行。由于深空中没有阻力，巡航期间的飞行不需要消耗燃料，就能维持原有速度，实现无动力飞行。在"天问一号"上，安装了推力为3000牛、120牛、25牛的各类发动机，目的是精确控制探测器的飞行姿态和方向，帮助它始终瞄准火星，不偏离航线，最终成功抵达火星。一路上，这些发动机一共要经历六次点火工作。

2020年8月2日，第一次轨道修正，在离地球超过300万千米的深空中，3000牛主发动机开机工作，历时20秒，修正了"天问一号"的飞行轨道，让它精确地按照设计好的轨道飞行。

2020 年 9 月 20 日，第二次轨道修正。在离地球约 1900 万千米的深空中，天问一号上的 4 台发动机，每台推力为 120 牛，同时点火工作，持续 20 秒。由于轨道修正的幅度很小，所以不需要用到主发动机，用小推力发动机即可实现。

2020 年 10 月 9 日 23 时，第三次轨道修正，在离地球 2940 万千米中的深空中，天问一号又有了新动作。推力为 3000 牛的主发动机再次点火，持续工作 8 分钟。这次轨道调整的结果，是把探测器所在的轨道，从地球所在的轨道，转移到火星所在的轨道。

2021 年春节前夕，"天问一号"经历了关键一刻。2 月 10 日，经过半年多的长途飞行，飞越 4 亿多千米，"天问一号"抵达火星。它与火星在太阳系的四环路上遭遇，3000 牛的主发动机进行了一次时间更长的点火，经过刹车减速，被火星的引力捕获，成为火星的人造卫星。这次刹车更为重要，直接决定了火星探测任务的成败。

在近火轨道，主发动机再次点火，调整飞行轨道，为登陆火星做好准备。经过轨道调整，"天问一号"已于 5 月 15 日早上登陆火星，中国由此成为世界上第二个实现航天器成功登陆火星的国家。

地球上的地面站与探测器之间的通信，是通过无线电波实现的，传播速度为光速，每秒 30 万千米。月球到地球的平均距离为 38 万千米，所以，月球探测器与地球进行通信时，几乎感觉不到延时，可以在地球上实时控制探测器的运动。不同的是，地球到火星之间的距离是变化的，距离最近的时候约为 5500 万千米，最远的时候，也就是火星与地球分别位于太阳的两侧时，两者之间的距离达到 4 亿多千米。就像两位运动员在相邻的赛道上绕着运动场跑步，两人之间的距离有时只相当于跑道的宽度，有时却相当于整个运动场的直径。因此，地面与火星探测器的通信，面临着长达数分钟到十几分钟的延时，因此地球上无法随时控制探测器。

从地球发出的指令，到达探测器最长需要 22 分钟。如果要求探测器在特定时间执行命令，地面要提前发出指令。探测器收到指令后，才能在规定的时间执行。"天问一号"抵达火星时，无论探测器出现什么意外情况，地面都要在十几到二十几分钟之后才能知道出问题了。地面经过研究之后，制定探测器的应对方案，生成处置命令发给探测器。十几到二十几分钟后，探测器才能收到这个命令。半个多小时到四十多分钟后，地面才能知道探测器执行的指令是否有效。

由于火星探测器的通信延迟，在大部分情况下，"天问一号"按照既定的程序工作。同时，它还必须具备一定的自主处置能力。遇到简单的问题时，进入到故障分支，通过预先设定的方案自己解决。遇到复杂的问题不能自己解决时，探测器会进入安全模式，把不必要的设备关闭，然后等待地面指令。地面控制中心收到探测器的故障情况，会根据故障预案进行处置；遇到特别复杂的情况，还需要在地面模拟出现的故障，看看处置办法是否有效，研究后再进行处理。

遥望火星移民

　　进入航天时代以来，探测器可以飞到火星的附近，甚至着陆到火星表面开起车来。现代人对火星的认识，绝大部分已经与天文望远镜无关，主要得益于火星探测器得到的结果。探测结果发现，火星上曾经有江河湖海，有过浓密的大气层，它的气候曾经温暖湿润，很适合生命的发育。即便现在的环境已经恶化，成为一颗荒漠行星，但它仍然是太阳系中除地球之外最宜居的行星。

　　设想一下我们在火星上生存，总共需要完成几个步骤？

第一是解决水的问题。水是生命之源，火星两极本身就含有水冰，地下也有冰层，而冰化为水汽后，可以被现有技术轻易提取。除此之外，还有一些方法也可以收集到可用的水源。例如，通过加热土壤收集水，通过大气冷凝提取空气中的水汽，都是可行的方法。不过，这些途径需要的技术更复杂，也更昂贵。

第二是解决食物问题。火星的土壤与地球土壤有相似的成分。虽然火星上的太阳光比地球上更弱，但可以通过光线的收集增强或人造光源，满足光合作用的需要。通过在土壤中加入有机质和微生物群落，使之更接近地球土壤。现在的技术已经可以实现改造火星土壤，从而实现种植的目的。

第三是氧气供给。火星的大气中约有95%是二氧化碳，氧气含量还不足以支持人类呼吸。不过，现有技术已经给出了很好的解决方案。麻省理工学院的科学家发明了名为"莫克西"的制氧机，利用反向燃料电池的原理，将火星大气中约95%的二氧化碳转化为78%的氧气。余下的一氧化碳作为副产品排出制氧机，作为燃料使用。2020年7月，这台制氧机随"毅力"号火星车前往火星，2021年2月19日抵达火星开始测试。从一开始，这台制氧机就被设计为可以扩展到现有规模的

100 倍大小，如果试验取得成功，可以解决一个人生存所需的氧气。

第四是建造住所。刚登陆火星时，我们可以住在密封的充气庇护所，或是登陆舱中。由于火星大气层很稀薄，强烈的紫外线会损害你的健康。由于缺少磁场的保护，宇宙射线甚至会改变你的 DNA。因此，躲进地下，建设地下城市可能是一个明智的选择。

第五是解决服装问题。火星上空气稀薄，因此昼夜温差极大。白天，最热的地方温度超过二十摄氏度，夜间气温下降到零下七八十摄氏度。全球性的沙尘暴时有发生，甚至持续数月。因此，需要制造特殊的火星服，不仅能让你适应低气压，足够坚固，还能让你的身体保持正常的温度。科学家已经研制了一种光滑紧身的火星服，可以满足身体保暖和火星生存的需要，在现有空间站宇航服的基础上改进而成的 D-型火星服和 I-型火星服，也可以满足需求。

水、氧气、食物、住所、服装，似乎在火星生存的一切条件已经满足了，移民火星指日可待。不过，实际上要比这困难得多，复杂得多，还要做更多的准备。地球到火星的旅途长达数月，空间狭小，物资匮乏。从地球上你已经适应的重力，到发射时的超重，飞行途中的失重，到进入火星大气层时再次超重。登陆火星后，又要适应仅为地球表面三分之一的火星重力，人的生理状态会发生显著的变化。几年之后，你应该还会回到地球，需要经受相反的重力体验。这种过山车式的重力变化，不是柔弱的人体可以承受的。登陆之后，面对无尽的荒凉，难以忍受的孤独。人的心理状态如何调节，也是一个巨大的问题。因此，要实现火星生存，前途漫漫。但其中并没有不可克服的困难，而每一点突破，都在积累人类走向太空的能力。

巨镜"韦布"今秋凌霄

卞毓麟①

　　春暖花开，国际天文界和航天界在热议：韦布空间望远镜（英文缩略词 JWST，下简称"韦布"）今秋真要一飞冲天了！届时，它将搭乘欧洲空间局（ESA）的阿丽亚娜 5 型火箭，从南美洲法属圭亚那的一个航天基地发射入轨。

　　① 卞毓麟，中国科普作家协会前副理事长，中国科学院国家天文台客座研究员，上海市科普作家协会名誉理事长。

"韦布"的研制工作始于20世纪90年代，起初称为"下一代空间望远镜"，2002年又以詹姆斯·韦布冠名。韦布是美国国家航空航天局（NASA）的第二任局长，在1961—1968年的任期内，卓有成效地领导推进了阿波罗计划和其他一些重大空间探测项目的实施。

　　"韦布"是NASA、ESA和加拿大空间局（CSA）的合作项目，素有哈勃空间望远镜（下简称"哈勃"）继承者之称。"哈勃"的主镜口径是2.4米，"韦布"则是6.5米，故其灵敏度约为"哈勃"的7倍。"哈勃"以接收来自天体的可见光为主，"韦布"则基本上是一架空间红外望远镜，观测波段从可见光红端（0.6微米）直至中红外（28.3微米）。"哈勃"的空间轨道高度约600千米，"韦布"则将定居于日地系统的第二拉格朗日点——在日地连线上与太阳相反一侧、距离地球约150万千米处……青出于蓝，"韦布"将完成"哈勃"力所不逮的许多任务，使人类认识宇宙的立足点更上一个新台阶。

　　研制空间望远镜从来不会一帆风顺。1975年，科普巨匠阿西莫夫已在《洞察宇宙的眼睛——望远镜的历史》一书中向公众介绍：NASA打算研制一架大型空间望远镜。其实际进程则是：1981年美国为此组建空间望远镜科学研究所（STScI），1983年此镜以"哈勃"

冠名，1985 年研制"哈勃"近乎竣工。然而，1986 年"挑战者号"航天飞机失事，发射"哈勃"的计划几近流产。幸好结局总算顺利，1990 年 4 月 24 日"发现号"航天飞机携带"哈勃"顺利升空。

"韦布"的经历更奇特：1997 年项目经费预算 5 亿美元，预期 2007 年发射上天；2002 年经费预算增至 25 亿美元，预期发射时间推迟到 2010 年；2006 年预算达到 45 亿美元，发射更推迟至 2014 年；2010 年预算达 65 亿美元，预期 2015—2016 年发射；2013 年预算增至 88 亿美元，预期 2018 年发射；2018 年预算超出 88 亿美元，预期 2020 年发射。在经历各种意外事故、预算危机，国会险些取消项目之后，"韦布"终于箭在弦上，将于 2021 年 10 月上天了。

无数的技术细节都必须严格检验——称为苛求也不为过。例如，2017 年 7 月开始对"韦布"的"光学望远镜和集成科学设备"（OTIS）模块进行一系列低温学真空测试，历时长达近百天。为了能探测到来自非常暗弱的遥远天体的红外辐射，整个"韦布"必须维持在约40 开尔文①（约 -233℃）的极低温度，而且它的中红

———————————

① 开尔文，为热力学温标或绝对温标，是国际单位制中的温度单位。它以绝对零度为计算起点，即 -273.15℃ 为 0 开尔文。

外设备（MIRI）还特别需要一个低温降温器，使其温度降至7开尔文（−266℃）。这些检测在 NASA 约翰逊空间中心的真空室 A 中进行，该真空室的穹隆形密封大门直径就达12米，重达40吨！

　　完整的"韦布"外观活像一朵骑在冲浪板上的巨大向日葵。这"向日葵"的花瓣就是望远镜的主镜，全长20.197米，宽14.162米，由18块正六边形的反射镜面拼接而成。镜面材料是硬而轻的金属铍，外表镀金。"冲浪板"是"韦布"的遮阳盾，由聚酰亚胺镀铝制成，上下共5层，每一层仅如人的头发丝那么厚薄（见下图）。它可以保护望远镜免遭来自太阳、地球和月球（"韦布"位于日地系统的第二拉格朗日点，故日、地、月三者永远处于它的同一侧）的光与热的影响，确保仪器在低温下工作正常。

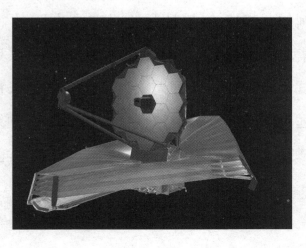

"韦布"的个头太大了，必须将其"冲浪板"和"向日葵"都折叠起来，才能作为阿丽亚娜5型火箭的乘客前往太空。在到达目的地之后，再通过约180步的操作重新展开，整个操作流程在前几年中已演练再三。有一次遮阳板坏了，致使一再延期的计划又一次延误。2020年3月，疫情使望远镜的组装和检测被迫推迟。

各种科学设备组装在一起的"韦布"，要在加利福尼亚州的诺斯洛普·格鲁门公司与飞船部分（即组装在一起的太阳帆和船舱）相整合，进行更广泛的最终测试。此事也已顺利完成。

不言而喻，"韦布"的研制团队会充分吸取"哈勃"的种种经验教训。例如，人们记忆犹新，"哈勃"曾因一个低级错误而导致成像质量不佳，后来NASA于1993年12月2日用"奋进号"航天飞机将7名宇航员送入太空前往修复。他们给"哈勃"装上一个矫正透镜——其作用有如给人戴上近视眼镜，最终拍摄的天体照片质量极佳。然而，这样的悲剧性错误却决不容许在"韦布"身上重演，宇航员不可能亲临远离地球150万千米的日地系统第二拉格朗日点去维修。如何杜绝此类隐患，"韦布"已有许多预案和举措。

在到达日地系统第二拉格朗日点之后，"韦布"还要进行一系列调试才能正式开展工作。天文学家可真急不可待了，有太多的事情正等着"韦布"去做呢。例如，当代天文学能够言之成理地推断，宇宙大爆炸之后过了几亿年，第一批恒星和星系开始诞生。但是，这一切究竟是如何发生的？揭秘其详情细节，就应该是"韦布"一显身手的用武之地。

再如探索系外行星——太阳系外环绕其他恒星运行的行星，也是当下天文学的热门研究领域。今天，天文学家探测到的系外行星已经数以千计，它们将是"韦布"倾情关注的对象，尤其是与我们地球相似度很高的那些星球，会不会有生命栖居？就此而言，特别值得期待的或许当推位于宝瓶座中、距离地球仅40光年的"特拉比斯特–1"行星系统了。"特拉比斯特–1"是一颗红矮星，已发现它有7颗行星，其中的3颗是大小如地球、且位于宜居带中的岩质行星。"韦布"将探明它们的大气组成，以诊断这些行星是否真正"宜居"？

人们尽可以大胆地想象，"韦布"或许会瞥见什么样的新天体，或许会看到什么样的新现象。但是，更令人惊喜的必定是你全然意想不到的种种新发现，且让我们拭目以待吧！

话说"水星七杰"

——60年前美国载人航天这样起步

卞毓麟

"水星七杰"首飞时间

艾伦·谢泼德　1961年5月5日　自由7号

格斯·格里索姆　1961年7月21日　独立钟7号

约翰·格伦　1962年2月20日　友谊7号

斯科特·卡彭特　1962年5月24日　曙光7号

沃利·希拉　1962年10月3日　西格玛7号

戈登·库珀　1963年5月15日　信仰7号

德凯·斯莱顿　因心脏问题取消"水星计划"飞行

1957年10月4日，苏联成功发射有史以来的第一颗人造地球卫星"斯波特尼克1号"，这使美国深感惶恐，竭力急起直追。

1958 年 10 月 1 日，美国政府的国家航空航天局（NASA）开始运作。同年 12 月 17 日，NASA 宣布行将实施"水星计划"，其目标是将人送上环绕地球的空间轨道，并同飞船一起安全返回，以考察失重环境对人体的影响、人在失重条件下的工作能力，以及对发射和返回过程中遭到的超重之忍受能力。

水星计划徽标（左）和 NASA 徽标（右）

这项计划的指导方针是：尽量利用简单可靠的现成技术，只要有可能就不搞新花样。其用意是减少风险，唯求成功。早先在发射人造卫星的竞赛中苏联占了先，此时的美国极想扳回一局：赶在苏联之前率先将人送入太空。

美国载人航天所需的运载火箭，由军用弹道导弹改造而成。此类导弹本拟用于发射核弹头攻击远程目标，但经改造后可将载荷释放到太空中去。

水星号系列飞船由麦克唐纳飞机公司负责研制，它

的尺寸很小，总长仅约 2.9 米，最大直径 1.8 米，重约
1.3～1.8 吨，只能乘坐一名航天员，设计的最长飞行
时间为两天。

　　时任美国总统艾森豪威尔坚持，水星计划的航天员
必须从顶级的空军试飞员中挑选。1958 年 12 月 22 日，
NASA 发布"申请研究型航天员候选人职位的邀请书"。
经过一系列高强度的面试和考核，最终从 110 名参选者
中选拔出 7 人。1959 年 4 月 9 日，该"水星计划 7 人"
在新闻发布会上公开亮相。尽管他们最早也得再过两年
才有可能进入太空，却立刻成了美国国民心目中的英雄。

　　这 7 名航天员被统称为 The Mercury Seven，这个带
定冠词的英语名称在汉语中至今尚无定译。译为"水星
计划 7 人"固然不错，但就他们的业绩和在世人心目中

"水星七杰"合影

的地位而言，我以为不如译为"水星七杰"。若译为"水星七雄"，则江湖气太重；译为"水星七贤"，则书卷气过浓。一孔之见，未知然否？

这7位杰出的航天员是：艾伦·谢泼德、格斯·格里索姆、约翰·格伦、斯科特·卡彭特、沃利·希拉、戈登·库珀，以及德凯·斯莱顿。后来发现斯莱顿有心律不齐，不宜长时期航天飞行。因此，实际上只有6人进入了太空。

"水星计划"本拟让每位航天员进行一次亚轨道飞行，让他们有一次短暂然而完整的空间飞行经历，然后每人再执行一次轨道飞行。然而，竞争对手苏联的宇宙飞船性能在不断提高，形势逼人，NASA 于是决策：美国实现载人轨道飞行的步伐必须大大加快。1961 年 1 月，谢泼德被选定执行美国第一次载人航天飞行。此任务原拟在 1960 年 10 月进行，但因故延期到 1961 年 3 月，后又再次推迟到 5 月。正在此间，1961 年 4 月 12 日，苏联人尤里·加加林成了第一个进入太空的宇航员，美国率先将人送入太空的希望泡了汤。

有趣的是，NASA 让"水星七杰"的每个人各为自己乘坐的那艘水星号飞船另取一个专名，并附以后缀"7"。例如，格伦为他的"水星 6 号"取名"友谊 7

号"。不少人觉得，在"友谊7号"之前，必曾有过"友谊1号"乃至"友谊6号"。其实这是一种误解，此处的"7"，是表征这些飞船皆系"水星七杰"的伙伴。另外，也不时有人问：格伦究竟是乘坐"水星6号"还是乘坐"友谊7号"飞船完成了美国的首次载人轨道飞行？其实它们是一回事，宛如"水星6号"有个笔名叫作"友谊7号"。

为了加快进度，"水星七杰"的亚轨道飞行缩减成了两次。1961年5月5日，谢泼德乘坐"自由7号"飞船上升到187.5千米的高度，从而成为美国的第一位太空人。他从发射到返回地面，历时共15分21秒。13年之后，谢泼德乘坐"阿波罗14号"飞船登上了月球。1961年7月21日，格里索姆实施了美国人的第二次亚轨道飞行。

1962年2月20日，格伦成为首位环绕地球做轨道飞行的美国人。他用4小时55分绕地球转了三圈，并安全返回。令人震惊的是，1998年10月29日"发现号"航天飞机升空，年已77岁的格伦竟然再次上天，创下了年龄最大、两次太空飞行时间间隔最长的航天员世界纪录。卡彭特、希拉、库珀的"水星计划"轨道飞行也都很顺利。

"水星七杰"皆已作古。想当初"水星计划"实施之初，美国尚无长期的空间探索目标。但到"水星计划"完成之际，他们已决定几年之内就要将人送上月球。"水星计划"实现甚至超越了原定目标，但它只是通往月球的头一小步。库珀的飞行持续了34个小时，而前往月球来回一趟要超过10天。当时全然无人知晓，失重10天究竟会对人体造成何等的影响。再说，到了月球上，航天员就得离开飞船去探索月球表面了。在严酷的太空环境下，仅仅靠一套太空服来保障人身安全，这究竟靠谱吗？

为了人类登上月球，需要解决的问题太多了。需要机动性能更强的飞船，它能够改变轨道，还能在太空中与其他飞船交会对接——在超过8千米每秒的高速飞行中，飞船能做到这一点吗？这些问题，当时谁都心中无数，NASA需要下一项载人航天工程"双子计划"来做出回答。几年以后，1969年7月21日，美国"阿波罗11号"的航天员尼尔·阿姆斯特朗和埃德温·奥尔德林安然登上月球。这一次，美国赢了苏联。

我在青少年时代，看到美苏两国航天的巨大成就，深感宛若神话，难以想象。但是，1970年4月24日，中国的第一颗人造卫星"东方红一号"发射成功了。短短几十年，中国已经成了举世公认的航天大国。"欲穷千里目，更上一层楼"，任重而道远，吾人其勉之！

火星车的"火"

贾阳①

火星是八大行星之一，符号是♂。因为它在夜空中看起来是血红色的，所以在西方，以希腊神话中的阿瑞斯（或罗马神话中对应的战神玛尔斯）命名它。在古代中国，因为它荧荧如火，故称"荧惑"。火星有两颗小型天然卫星：火卫一"福波斯"和火卫二"戴摩斯"，都是以阿瑞斯儿子们的名字命名的。两颗卫星都很小而且形状奇特，可能是被引力捕获的小行星。英文里前缀areo-指的就是火星。

随着航天技术的发展，人类开始近距离对火星进行探测，中国的天问一号探测器会利用遥感、就位探测等多种形式，进一步深化人类对火星的认识。2020 年 7

① 贾阳，北京空间飞行器总体设计部研究员，中国月球车、火星车设计师。

月，长征五号火箭在海南文昌发射场点火升空，中国首次火星探测任务如期出征。这是中国航天的首次行星际探测任务，意义重大，任务过程中看点多多，值得期待。这次任务中在火星表面进行移动探测的探测器也叫"火星车"。

火星车研制出来之后，设计师看着火星车的桅杆，感觉有点不对劲。桅杆上面有三台相机，设计师们一直关注桅杆的承载能力、电缆是否会影响桅杆的运行，以及把设备安装在合适的位置，避免桅杆干扰火星大气流动，导致风速、风向测量结果不准确等技术问题，现在忽然发现桅杆头部不够漂亮。

为了保证相机在寒冷的火星夜晚不被冻坏，设计师为相机设计了隔热罩，罩子外部包裹了一层亮银色的膜，为了不遮挡相机的视场，罩子的正面开了三个圆孔。远远看去，火星车最引人注意的地方，是一个 A4 纸大小的白色平面，上面有三个相机的光孔，确实不够漂亮。

虽然距离把火星车运往文昌发射场只有几个月时间了，但是设计师们还是不想留下任何遗憾，开始讨论美化方案。

大家设想用中国文化的元素把火星车打扮得更漂亮一些，曾经想采用红色的中国结，讨论后感觉把中国结放在火星车额头的位置有点怪怪的，考虑很多其他能代表中国文化特征的元素，逐渐聚焦到了书法……

首先，设计师们尽可能搜集了古往今来关于"火"字的各种字体和写法来做创作的参考。然后分别用甲骨文、篆书、隶书、楷书、行书、草书的字体书写了估计有上千个火字，最后从中挑选了十几个作为备选方案。

"火"字稿

火星车的"火"

设计师们把"火"字打印出来，模拟在火星时候的成像距离拍摄，发现只要线条不是太细，在图片中分辨出来没有问题。书法中虚实、笔法走向严格，在火星车上实现时，精确地实现笔画走势很困难，所以大家倾向于右下角的甲骨文方案。这个方案笔画可以粗壮些，有利于成像，即使有些变形，也不影响效果，而且甲骨文代表着文字之初，寓意着华夏文明的源远流长，意境充沛。

可是问题来了。在征求意见的时候，很多人都把这个字读成了"山"。毕竟大家不都是古文字学者，不知道甲骨文的"山"字底下不是弧线，而是一条水平线。为了避免误会，开始讨论其他方案。

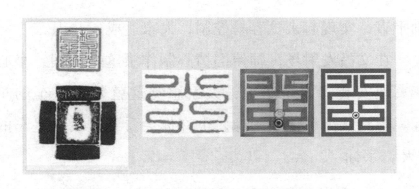

桓术火仓之记

在收集资料的过程中，发现一枚宋代篆体官印"桓术火仓之记"，其中"火"字的造型很有意思，为了规避汉字笔画数量差异悬殊的问题，制作印章时，对笔画较少的字采取了曲折复杂化的处理方法，以求字间的均衡，这种处理被称为九叠篆。

九叠篆"火"字

这个方案图案饱满、装饰性强，进一步把书法、篆刻的表现手法结合起来，形成了一款新的建议。这个图案稍加想象，包括了"中国火星"四个字的意象，印信图案的意义不言而喻，具有很强的中国文化特征。

大家觉得这个方案寓意很好，工人师傅们也觉得笔画平直，实现起来更容易控制，大家达成了共识。

在文昌发射场，师傅们精心制作了这个图案，小心翼翼地安装到火星车上，大家感觉这就是火星车的车标。等到从火星传来图像，也许你会看到这枚火星车的"火"字标。

桅杆上的车标

留在地球的火星车车标

恒星爆炸时，地球安全吗？

——超新星爆发如何影响地球生命

李鉴①

太阳啊，太阳，你可真伟大！

我们的光都来自你，如果没有你，我们就得用灯泡了。

太阳啊，太阳，你可真棒啊！

你聚集了那么多的光和热，怎么不会融化呢？

——北大附中新馨学校　李舒棠

这首童趣盎然的儿童诗，提出了一个我们平时都没怎么关注过的问题：太阳会融化吗？其实太阳表面温度将近 6000 开尔文，它已经"熔融"成了一团处于等离

---

① 李鉴，中国科技期刊编学会常务理事，北京天文学会理事，《天文爱好者》常务副主编。

子态的气体，并且在自身引力的作用下保持着球形的形态。接下来我们不禁要问，这么热的一团物质，会不会什么时候就爆炸了？这还真是个好问题。天文学研究表明，太阳的质量比较小，不会发生猛烈的爆炸。但宇宙中的大质量恒星，在其生命的最后时刻，必将以一次惊天动地的大爆炸宣告自己的"死亡"。这就是超新星爆发。

超新星是宇宙中能量最高的爆发事件之一，爆发时恒星的短时亮度可以增加 10 万亿倍，辐射强度甚至能与整个星系里所有恒星的辐射总和相比拟！仰望夜空时，我们常常惊叹于它的浩瀚和静谧。实际上，在漆黑夜空的各个角落，超新星爆发可谓此起彼伏。据统计，仅 2019 年就有 15811 起超新星爆发报告，平均不到两个小时就有一起。只是它们都爆发于银河系以外的星系中，由于距离太远，其中最亮的也只及肉眼可见最暗星的 1/600，并没有为普通公众察觉。

银河系里聚集着两三千亿颗恒星，当然不乏大质量恒星，堪称一个巨大的潜在超新星"仓库"。而这里一旦爆发超新星，会不会对地球生命产生影响呢？

并非杞人忧天

提出这个问题需要深刻的洞见和非凡的想象力，毕竟人类目睹过的超新星爆发要比彗星、陨石落地等少了好几个量级。目击陨石全球范围内平均一年大约发生 10 次，而人类上一次见到银河系内的超新星爆发，还是在 400 多年以前。

1954 年，德国古生物学家奥托·海因里希·辛德沃尔夫提出超新星爆发可能是地球生命史上物种灭绝的元凶之一，这个课题开始进入天文学家的研究视线。随后的几十年，他们对超新星爆炸带来的危害进行了理论探讨，发现辐射可能会破坏地球大气的臭氧层。1996 年，天体物理学家约翰·埃利斯等提出了一个进行超新星"考古"的好方法：通过寻找铁-60 来追踪太阳附近远古超新星的蛛丝马迹，为这一课题的研究开创了新的局面。

铁-60 是铁的同位素，我们日常接触到的都是稳定的铁-56，它的原子核中包含 26 个质子和 30 个中子，铁-60 则多了 4 个中子。我们知道，像碳、氮、氧这样较轻的元素都是通过恒星内部的核聚变产生的。恒星能制造的最重元素，只到铁为止。像金、铂、铀等比铁更重的元素，只能在超新星爆发或中子星碰撞时的极高温环境中形成。要知道，超新星爆发时中心和膨胀壳层的温度可达到数百亿开尔文！铁-60 只能在超新星爆炸时产生，而且它是一种放射性物质，会随着时间的推移而衰变成为其他元素，半衰期约 260 万年。因此，如果在地球上发现铁-60，那么它们一定来自不远处的超新星在过去几百万年里的爆发。

20 世纪初，德国科学家在海底钻取的一段 250 万年前的沉积物中探测到了微量的铁-60 原子。到了 2016年，更多新发现纷至沓来。科学家在地球周边的太空尘埃、"阿波罗"任务从月球带回的样品等多个环境中发现了铁-60，而且它们抵达地球的时间多在大约 250 万年以前，还有一些初步探明约为 800 万年前。

到现在为止，人们已经有了确凿的证据，表明大约

250万年前在地球附近确实有过一颗超新星爆发！它距离我们150～300光年。

危险来自哪儿？

此前就有理论计算表明，如果一颗太阳系的近邻发生超新星爆炸，它所释放出的伽马射线足以在数十年里破坏掉臭氧层，使地球表面完全暴露在对人体有害的紫外线下。而在2019年，天文学家研究了250万年前的那次超新星爆发，又有了新的发现：除了伽马射线以外，对物种产生更致命威胁的，还有从超新星中产生的宇宙射线！

宇宙线是从宇宙中闯入地球的高能量质子或原子核。大约90%是质子，即氢原子核（因为氢是宇宙中最丰富的元素），还有10%是更重的原子核。宇宙线粒子进入大气层时，会和氮、氧等原子碰撞，形成中子和一种叫作 μ 介子的"粒子雨"。μ 介子大多数在几微秒内衰变成电子，但仍然会有许多抵达地表，平均每平方米每分钟约有10000个。它们也会穿过人体，其中一小部分会和人体发生相互作用。平均而言，它们占据了人体所受辐射总量的六分之一左右。

μ 介子的穿透力很强，可以透过几百米厚的岩石和水。平时少量的 μ 介子不会带来严重伤害。但如果宇宙线增强 100 倍，小型哺乳动物或可幸免于难，而大型动物将面临灭顶之灾。辐射产生的放射性物质在大型动物体内积累，会降低繁殖能力，直到它们绝育、绝种。如果宇宙线继续增强 100 倍，昆虫和单细胞生物也都将从地球上消失。250 万年前那次超新星爆发时，超量百倍的 μ 介子直达海洋深处，而且持续了数千年。一些古生物，例如巨齿鲨正好在这段时间灭绝了，很难说二者没有关联。

紫外线对臭氧层的破坏，以及宇宙线带来的另一个"副作用"——闪电的显著增加，也可能对人类的早期进化起到了重要影响。例如，闪电引发的火灾可能导致东非从森林变成了草原，迫使人类祖先进化为直立行走，这样才能更有利地在缺少森林的地区生存下去。

人类是否安全？

关于地球和超新星之间的"安全距离"，有着不同的估计，从 25 光年到 60 光年不等，目前科学文献中最常引用的数据是 50 到 100 光年。对"危险距离"，则有比较好的共识：在 20 光年的范围内如果爆发超新星，地球生命将遭遇劫难，很有可能就此消失！

幸运的是，首先，我们的太阳不会爆发成为超新星。其次，在距离我们 50 光年的范围内，也没有质量大到可以产生超新星爆发的大质量恒星。

但我们也不是百分之百安全，因为小质量的白矮星在吸积物质后也可能爆炸成为另一种类型的超新星——Ia 型超新星。根据欧洲空间局"盖娅"（GAIA）卫星的最新观测结果，有文献估计在距离地球 75 光年的范围内，80% 的白矮星已经被找到了，其中并没有发现超新星候选体。剩下的可能性，还有待今后的观测来排除。

在安全距离之外，目前所知最有希望"很快"爆发成超新星的邻近恒星，是 600 多光年外的猎户座参宿四。它的质量是太阳的 10 到 20 倍，半径大约是太阳的 800 倍（在不同的波长上半径大小明显不同），属于恒星里个头最大的一类——红超巨星。天蝎座的心宿二和参宿四的情况差不多，只是略近一点儿。从质量上可以判断，这两颗恒星的寿命都不会超过一千万年，这在宇宙天体中实在是太短暂了。再加上目前它们又都处于生命的最后阶段，因此可以说，它们在宇宙天体的时间尺度上"随时"可能爆发成为超新星。尤其是参宿四，它从 2019 年底开始，它的亮度有些不寻常的变化，正引起天文学家和爱好者们的关注。

至于这些可疑分子究竟什么时候爆发？答案也许就在明天，也许会在几万甚至几十万年以后，也许已经爆炸了但光线还没有到达地球。谁知道呢。毕竟与和它们的寿命相比，几千几万年也不过就是"片刻"工夫而已，即便真的已到爆发关头，提前或推迟"片刻"谁又能说得清呢？它们的爆发应该不会带来大灾难，只不过会在天空中暂时多出一颗和月亮差不多亮的星星罢了。

月球探秘

王倩①

  在晴朗的夜晚，天上挂着一轮宁静的月亮，它有时圆圆的，像一块白玉盘；有时弯弯的，像一只小船。月球是地球唯一的天然卫星，也是迄今为止人类唯一踏足过的地外天体。

  月球是怎么形成的呢？科学家们曾经提出了很多假设，目前大多数科学家认为：月球是一个地外天体撞击地球后形成的。地球形成早期，一个火星般大小的天体撞向了地球。撞击导致天体破裂，一些岩石和碎片被抛到了太空中。这些岩石和碎片依然受到地球引力的束缚。慢慢地，岩石和碎片逐渐聚集起来，形成了月球。

  月球与地球相距约 38 万千米，如果乘坐宇宙飞船，

---

  ① 王倩，中国国家航天局探月与航天工程中心科技质量处处长，研究员，中国空间法学会理事会成员。担任"嫦娥一号""嫦娥二号""嫦娥三号"的任务主管，"嫦娥四号"的核心论证专家。

大约 3 天到达月球。月球绕地球公转一周大约需要 27.3 天。月球在地球旁边，看起来就像橘子在西瓜旁边。月球的公转周期与自转周期相同，所以它总是以同一面朝向地球，这一面被称为"月球正面"，而另一面被称为"月球背面"。

月球表面非常荒凉，主要是一些大大小小的陨石坑，没有空气，没有水，更没有生命。物体在月球上的重力大约是它在地球上的 1/6，在那里你或许可以轻松地跳到 3 米多高。相对于月球正面来说，月球背面的月海很少，陨石坑却很多。

月球自身是不发光的，我们看到的"明月"是月球反射太阳光的部分。当月球运行到地球和太阳之间、并且与地球和太阳在一条直线上时，会挡住射向地球的阳光，这时就会发生日食。当月球运行到地球的阴影区时，地球会挡住太阳射向月球的光，这时会发生月食。

自古以来，人类就对月球充满了好奇。中国历史传说中有一个著名的嫦娥奔月的故事，传说嫦娥是后羿的妻子。后羿射下九个太阳后，王母娘娘赐给他一包不死药，吃了可以升天。后羿将不死药交给嫦娥保管。一天夜晚，后羿的恶徒逢蒙趁师傅不在家，逼嫦娥交出不死药。情急之下，嫦娥将药吞了下去。没过多久，她就飘起来，渐渐离开地面，飞到了月亮上。

17世纪以前，人类是用肉眼观月，发现月亮有时圆有时缺，呈周期性变化。400多年前，人类发明了望远镜，对月球有了更多的认识，伽利略借助望远镜发现月球表面有许多环形山。伽利略还发现了木星的四个卫星、太阳黑子、太阳自转等，并且用实验证实了哥白尼的"日心说"，否定了长期以来统治欧洲天文学的"地心说"。

随着科技的发展，20世纪60年代前后，人类迎来探月的高潮，这给人类生产生活带来重大影响。苏联和美国相继开展月球探测竞赛。1959年1月，苏联发射了第一个月球探测器——"月球1号"；同年9月发射了"月球2号"探测器撞击在月球表面并留在了那里。1966年，又发射了"月球9号"探测器，它是第一个在月球上实现软着陆的探测器。

人类探月最激动人心的是1969年美国"阿波罗11号"任务，第一次将人类送上月球。尼尔·阿姆斯特朗是第一个登上月球的人。阿姆斯特朗和同伴奥尔德林进行了约两个半小时的月表行走，采集了月球岩石样品带回地球。从1969年到1972年，美国先后将12名宇航员送上月球，共采集岩石样品约 382 千克。

进入 21 世纪后，世界航天大国十分重视对月球的探测，纷纷制订了自己的探月计划。美国、俄罗斯、日本、印度，还有欧洲都实施了月球探测任务。中国作为后起之秀，从 2004 年至 2020 年，成功实施了 6 次探月任务，六战六捷，其中 2020 年嫦娥五号任务完成月球采样返回，是人类时隔 44 年后再次从月球取样返回，举世瞩目。

由于"嫦娥奔月"的神话故事在中国家喻户晓，2004 年中国将探月工程命名为"嫦娥工程"。"嫦娥工程"分三期：第一期是"绕"，即发射探测器绕着月球探测；第二期是"落"，即探测器降落在月球上探测；第三期是"回"，即探测器从月球上采样返回。

中国探月工程的标识"月亮之上"，是以中国书法的笔触，勾勒出一轮圆月，一双脚印踏在其上。圆弧的起笔处"龙头"象征着中国航天如巨龙腾空。落笔处的飞白是一群和平鸽，表达了中国和平利用太空的美好愿望。一双脚印象征着人类探索月球、探索宇宙奥秘的伟大征程。

"嫦娥一号"是 2007 年中国发射的第一颗绕月人造卫星，它拍摄的全月球三维影像图，在人类历史上第一次对月球表面 100% 覆盖。2007 年 11 月 26 日 9 时 40 分左右，来自"嫦娥一号"的一段语音和《歌唱祖国》的歌曲从月球轨道上传回，这标志着中国首次月球探测工程取得圆满成功！"嫦娥一号"实现了中国探月工程从无到有的历史性突破，它在地球和月球之间划出了最美丽的轨迹。

　　"嫦娥二号"是"嫦娥一号"的备份星。在"嫦娥一号"圆满完成任务后，"嫦娥二号"由"替补"变成了"嫦娥三号"的"先锋"，它能拍摄更清晰的月球图像，为后面"嫦娥三号"在月球上软着陆打头阵。在圆满完成预定任务后，"嫦娥二号"开展了一系列拓展试验，

"嫦娥一号"在总装测试厂房

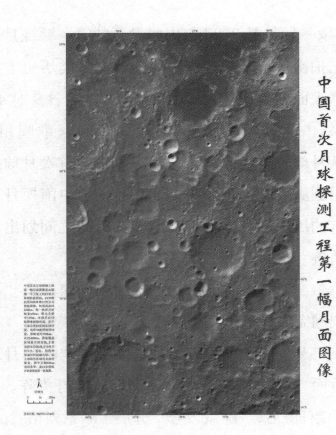

中国首次月球探测工程第一幅月面图像

探月工程第一幅月面图像

中国首次月球探测工程全月球影像图

探月工程首幅全月球影像图

2011年8月25日"嫦娥二号"卫星进入日地第二拉格朗日点环绕轨道，此时距离地球约150万千米。2012年12月13日，"嫦娥二号"卫星与"战神"图塔蒂斯小行星擦身而过，此时距离地球约700万千米。现在"嫦娥二号"卫星成为绕太阳飞行的一颗小行星，预计会在2027年返回地球附近。

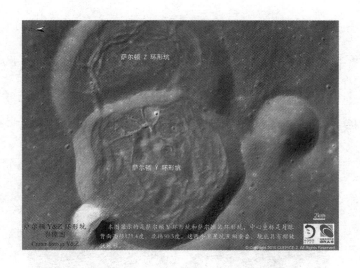

"嫦娥二号"拍摄的环形坑

2013年12月14日晚，"嫦娥"怀抱"玉兔"驾临距离地球38万千米外的"月宫"，"嫦娥三号"实现了中国人数千年来的奔月梦想，五星红旗第一次在月球"升起"，中国成为继苏联、美国之后第3个实现在月球安全软着陆的国家。宣告探月工程第二步"落"圆满成功。

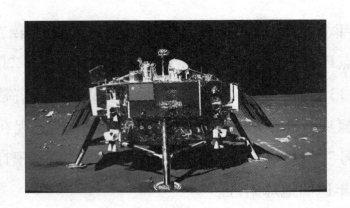

"嫦娥三号"着陆器

　　"玉兔号"月球车重约 140 千克，太阳帆板收拢后长约 1.5 米，宽约 1 米，高约 1.1 米，有 6 个轮子，外形就像一只竖着耳朵的机械小兔子。

"玉兔号"月球车

　　"玉兔号"月球车通过探测月球地质结构，完成了世界上第一幅月球地表以下 330 米深的地质剖面图。通过这些数据，科学家可以了解月球从形成到现在的演变历史。

"嫦娥四号"探测器包括中继星、着陆器和巡视器。它将在月球背面软着陆，进行一次月球之旅，这在全世界还是第一次呢。"嫦娥四号"将更加全面深入地探测月球的地质和资源，让人们更加了解月球。

由于"嫦娥四号"在月球背面不能直接与地球通信，所以需要先发射一颗中继星。2018年5月，"长征四号"丙运载火箭将托载着中继星起飞。中继星升空后，经过轨道调整，借助月球引力到达地月第二拉格朗日点，在那里执行信息中转的任务。

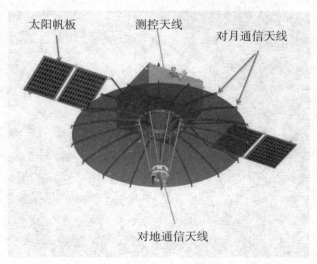

太阳帆板　　测控天线　　对月通信天线

对地通信天线

2018年12月，"嫦娥四号"着陆器和"月兔二号"月球车成功发射，2019年1月成功着陆在月球背面艾特肯盆地的冯·卡门撞击坑。第二面五星红旗再次升起在月球上。

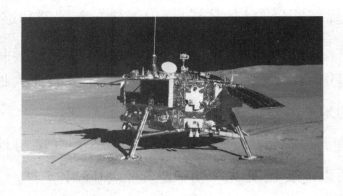

这是"玉兔二号"给着陆器拍摄的全身照

"月兔二号"月球车开展了大量科学探测，获得了丰硕的科学成果。

"嫦娥四号"拍摄的第一幅月球背面的图像

"玉兔二号"勇敢地踏上月球背面的那一刻

2020 年 11 月"嫦娥五号"成功发射,再次安全着陆在月球,五星红旗第三次闪耀在月亮之上。

2020 年 12 月 17 日,"嫦娥五号"携带着 1731 克月球样本安全返回地球,使中国成为继苏联和美国之后,第三个实现从月球采样返回的国家。"嫦娥五号"是中国航天史上技术最复杂、难度最大的航天任务,采用"长征五号"新一代大型运载火箭发射,总重 8.2 吨,分为着陆器、上升器、轨道器、返回器,分别执行不同的任务。着陆器负责月面软着陆和月球采样。上升器负责带走样品,将它转交给空中的返回器。轨道器负责载着返回器在太空中飞行，等待上升器的到来。返回器则负责接收上升器带来的样品并带回地球。着陆上升组合体与轨返组合体分离后，开始月球软着陆，轨返组合体则继续在环月轨道上飞行守候。上升器逐渐升空，与轨返组合体交会对接，将月球样品转移到返回器里，轨返组合体带着样品争分夺秒地飞回地球。在距地面约5000千米时，返回器与轨道器分离，怀揣着来之不易的样品勇敢地飞回地球，2020年12月17日，返回器着陆在内蒙古四子王旗。宣告探月工程第三步"回"圆满成功。

"嫦娥五号"的着陆点在吕姆克山，它是一座庞大高耸的土丘，位于月球正面风暴洋的北部。吕姆克山有多种月球地貌单元，代表着月球不同时期的演化历史，在这里取样有助于我们更全面地了解月球。

"嫦娥工程"拉开了中国人探索月球的序幕，后续在月球上，中国将联合俄罗斯、欧洲以及一带一路沿线各国，建设国际月球科研站，为人类打造首个地外天体基础科研平台，让各国科学家借助科研站开展长期的科学研究、资源开发、技术验证，为月球的起源、形成与演化提供更好的研究条件。

第三辑　自然巡礼

108 张虎皮

*赵序茅*①

    7月27日至7月30日，我们一行10人从成都前往甘孜藏族自治州的九龙县参加科考，主要目的是考察当地的物种多样性和生态环境。从成都到康定，路过泸定，那里因红军长征飞夺泸定桥而出名，至今大渡河上还保留13根铁索。我们晚上住在康定，康定因情歌而出名，这是一座典型的沿河布局的城市，一条河流从中穿过，两侧都是高山。河道两岸是建筑物。

    早上我们参观康定博物馆。一楼是自然博物馆，二楼和三楼是历史文化博物馆。让我感触最深的是镇馆之宝——108张虎皮制作的帐篷，每个虎皮上都有贝壳作为装饰品，共有1.58万个贝壳，一颗可以换15斤酥

---

① 赵序茅，兰州大学青年研究员，兰州大学一带一路研究中心特聘教授，兰州大学科普部部长。

油。看了帐篷我真正感受老虎灭绝的原因了。

虎皮帐篷（拍摄：张骥）

人们对虎并不陌生，一提到虎，心中就会出现一个凶猛的野兽形象，虎虎生威、虎啸山林。可是人们对于虎却又十分的陌生。没有几个人在野外见过虎，充其量只是在动物园中看过人工饲养的老虎。那些，已经不是真正的老虎，真正的老虎在野外，它们是那里的王者。现存的老虎被分为六个亚种：东北虎（又称阿穆尔虎或西伯利亚虎）、印支虎、马来虎、苏门答腊虎、孟加拉虎以及中国的华南虎。另有三个亚种已经灭绝，分别是：巴里虎、爪哇虎和里海虎。中国境内分布着现存6个老虎亚种中的4个野生亚种。

在森林中，老虎是绝对的王者，它在这里生活、捕猎、繁衍后代。老虎是机会主义捕猎者，几乎可以捕杀它遇到的大多数猎物。说到这里，想必很多人认为，老虎的捕猎一定很简单，就像电影和小说中，只要现个行，呼啸几声，就可以将猎物制服。现实中，老虎的捕猎远没有想象中的威风。如果捕不到鹿、狼、豺等较大的动物，虎也捕食野兔、松鸡、鼠、鱼等充饥。实在饿急了，就顾不得体面，只好捡拾腐尸，甚至以蚂蚱、野果、松子果腹。老虎捕猎主要靠偷袭，这可能与我们眼中老虎的形象不相符合。如此威猛的老虎为何还要偷偷摸摸？

大自然赋予每一种猎物生存的权利，必当赋予其生存的技能。森林中，老虎身强力壮，爆发力强，善于奔袭，但是长跑不是它们的强项。长期的自然选择中，森林里的动物们有一套专门针对老虎的预警体系。食草动物鹿、狍子等在觅食和休息的时候，专门安排人员站岗放哨，一旦发现老虎的动静立即发出警报。对老虎而言更可恨的是，这里的动物们已经形成一个立体的警戒网。从树上的松鼠、鸟儿，到树下的啮齿类，看到老虎出现，都会不约而同地发出警报。这样一来，老虎一只眼睛盯着猎物，而周围无数只眼睛盯着老虎，这对老虎的捕猎极为不利。因此，老虎总是悄悄地接近猎物，而后突然袭击。老虎昼伏夜出，接近猎物的过程中，虎皮成为极好的伪装，斑斓的纹理和周围的环境很好地融合在一起。没想到，人们用来炫耀的虎皮，其实是老虎身上低调的隐身衣。即使这样，多数情况下，老虎发动攻击前，还是会被猎物发现。一旦被发现，老虎追踪的胜算不大。因此老虎总是盯住猎物中的老弱病残，而放弃那些体格强壮者。对于鹿类而言，老虎的存在更多是一个调解者，而不是一个赶尽杀绝的暴君。老虎仅仅淘汰群体中的老弱，让更强壮的基因遗传下来。

森林之王的老虎，如今日子却过得十分艰难。由于人类大量砍伐森林，破坏了它们的家园。更可恨的是人类为了获取老虎的皮毛、骨骼，直接捕杀。老虎家族的野生种群已经从一个世纪前的超过 10 万只锐减到目前的 3000～5000 只。虎现存于亚洲的 13 个国家：孟加拉国、不丹、柬埔寨、中国、印度、印度尼西亚、老挝、马来西亚、缅甸、尼泊尔、俄罗斯、泰国和越南。中国华南虎野外种群已经灭绝。历史上，东北虎曾广泛分布于我国东北林区。由于捕杀和原始森林的丧失，现在大约只有 12～16 只东北虎生活于中国东北地区，多半还是从俄罗斯西西伯利亚流浪过来的。印支虎的情况也不乐观。根据自 20 世纪 90 年代中期以来的报道，估计云南省的老虎数目仅为 30～40 只。2009 年的官方报道有

14～20只。这些老虎可能生存于西双版纳、临沧、红河和思茅地区。野外调查估计，目前野外种群不会超过10只而且可能都为跨边境的个体而非留居虎。孟加拉虎的分布曾经东至西藏南部和东南部以及云南西部的阔叶林区，目前也岌岌可危，可能只在西藏的墨脱县存在一个残存种群。目前在墨脱的老虎种群已经成为孤立小种群，数量估计为8～12只。它们很可能代表了中国最后一个留居的孟加拉虎种群。

在中国古代，能调兵遣将的"虎符"，上面就是老虎的图案。现在，白族、土家族等民族也仍将它们奉为祖先。可如今它们的现状着实堪忧，还在生存之路上奋力拼搏，所以它们需要人类的帮助，这样才有望重振家族！

隐藏的创新大师

李峥嵘[1]

你知道世界上最安全、最有效的防晒霜是什么？

世界上最安全、最有效的防晒霜是——河马的汗液。

当然，比基尼美女不会喜欢河马胳肢窝发出的气味。如果人工能合成河马汗液中的有效成分，既能防晒、抗菌、杀菌和驱虫，又芳香宜人，岂不是很受欢迎？

世界上确实有很多组织在研究河马的汗液，这就叫仿生学，或者说生物启示。在《创新启示——大自然激发的灵感与创意》这本书中，作者杰伊·哈曼为我们展现了仿生学的广泛应用：太阳能电池模仿树叶的形状发电，抗菌涂料模仿鲨鱼皮，企业借鉴红树林优化组织架

---

① 李峥嵘，中国科普作家协会会员、《北京晚报》高级编辑、科普专栏作家。

构。当代仿生学不只模仿自然万物形状，还包括系统性的设计和处理问题的步骤。

杰伊·哈曼在过去 30 年致力于创新型产品的研发。在事业受挫折时，他到海滩散心，拾贝在手，灵光乍现，他知道了如何通过海滩拾贝来谋生：他将观察到的螺旋形状广泛应用于各种产品设计上，这为他带来可观的财富也由此萌生强烈的使命感。他是一个参与者、观察者、推动者，以一种无比兴奋的心情书写仿生革命浪潮。

杰伊·哈曼曾在户外探险多年，目睹了许多奇特的自然景观，海底占地上百万亩的发光生物体，速度极快的军舰鸟，一跃冲天的飞旋海豚……大自然战士的令人炫目的高超技艺，背后隐藏的工程学原理远远超过人类所取得的成就。

日本的子弹头列车就是借鉴鸟类头部的形状来降低空气阻力，降噪音处理则学习了猫头鹰翅膀的特点；包括中国在内的各国科学家都在研究啄木鸟每天重击树木上万次，为什么没有脑震荡？由此设计出的减震器的耐抗冲击力是当前科技最发达的飞机黑匣子耐冲击力的 60倍。如果能将这种减震设计运用到生活中，手机、照相机、笔记本电脑再也不怕摔了。

再比如让人讨厌的苍蝇，它们表现出的空气动力学性能绝对是大自然的杰作。加州理工大学在研究苍蝇是如何察觉到威胁，并只用十分之一秒就设计出最佳逃跑路线。如果能将这种研究应用到汽车上，就能避免撞车事故。

过去的发展模式都是向大自然索取，由此带来很多问题。仿生学研究者杰伊·哈曼认为今天的环境问题和经济问题大都源自陈旧过时的商业模式，机械化水平还停留在"加热、加压、化学处理"的做法，这些做法是不可持续的。另一方面，地球上每一个现存的物种都经历了进化的千万次抉择，自然繁衍生息并不会耗尽或者危及基础资源，反而循环利用，形成一个高效、低能耗的生态圈。如果人类学习大自然重塑自身的方法，利用仿生技术将世界能耗和温室气体排放减半，甚至消除废弃物，那么将以不可抗拒的茁壮力量适应并开创一个新时代。

一方面人们进入工业化时代以来，过于推崇工业发明，鄙视源于大自然的设计；但另一方面人类从古到今都从周围的动植物身上学习解决问题的办法，包括大量成功商业运用的例子：当代药典里面有7000多种化合物是从植物中获得的，伐木业锯链的发明就是从啃木头的蠹虫得到的启发，这种锯链的年销售收入现在已经突破3亿——从自然中得到的启发，用来砍伐森林，这似乎也是一个讽刺。

商业利益和环境保护是可以共存的，一个企业向大自然学习能比开发大自然更为有利。丹麦有一座世界著名的综合大楼，模仿森林生态的循环利用，这一家公司的废物成为另一家公司的原料。津巴布韦的一组建筑群是根据白蚂蚁的蚁穴设计的，不需要空调，却能根据人体舒适度自动调节温度。仅在美国，通过仿生技术降低碳排放量和保护自然资源方面，每年就能创造500亿美元的产值。中国也在国家层面加强了对仿生学、清洁技术和大规模生态系统恢复的支持力度。

如果未来的企业紧跟大自然的发展轨迹，而不是将大自然当作一个资源提取库，环境会更好。目前很多生产方式貌似价格低廉，实际上却需要巨额投入以维持环境，最终导致生活水平急剧下降。

我们获得财富、满足欲望的最佳途径不是砍伐成片的森林、糟蹋海洋、排放毒气，而是依靠大自然生生不息的狂野力量和生命力。

仿效大自然的高效模式，是未来发展的方向。大自然其实无处不在，为创业、投资提供方向。通过向自然界学习，我们能够为我们自己、我们的子孙后代和我们的地球创造更丰富、更健康以及更令人满意的生活方式。

面对自然，敬畏自然，解决之道，就在其中。

树木古年轮的神奇指示作用

冯伟民[1]

2019 年，由包括南京地质古生物研究所专家在内的中外学者组成的研究团队，通过对现生和化石树木生长轮（又称年轮）向阳性特征的研究，揭示了华北板块自晚侏罗世至今发生过顺时针方向的旋转，这一结论得到了古地磁学证据的有力支持，也使树木古年轮的意义再次受到关注。

我们通常将树木在一年的生长周期里所产生的一个个纹层统称为生长纹。树木生长与所受阳光照射有关，朝南一面阳光照射充足，该面木质部生长速度快，年轮较宽，而背阴朝北的一面因阳光较少，年轮显得较狭窄。因此，树木都有向阳生长的特性，重要的是它还在

---

① 冯伟民，中国科学院南京地质古生物研究所研究员，南京古生物博物馆名誉馆长，国家古生物化石专家委员会委员，中国科协全国古生物学首席科学传播专家。

树木茎干横切面生长轮的偏心发育上有明显反映，即存在着树木生长具偏心率的现象。科学家发现，纬度越高，树木生长轮的偏心率越明显，且其强度随着纬度由高到低展示出由强到弱的特性。这种偏心率特征不仅在现生的树木中广泛存在，而且在地史时期原位、直立保存的木化石树桩中也存在。因此，古树木生长向阳性与板块构造运动之间是否存在关系受到了科学家的关注。

研究团队对华北板块的 250 余个现生树木和 7 个侏罗纪原位树桩木化石进行了向阳性的实地考察和测量分析。结果表明，现生树木的偏心率是西南 219°±5°；而位于同纬度带原位直立保存的距今 1.6 亿年髫髻山组和 1.5 亿年土城子组的木化石平均偏心率分别为 237° 和 233.5°。这些差异具有重要的古地理意义，揭示了华北地块从晚侏罗世至今发生了顺时针方向旋转。重要的是，这一重要结论也与团队在该地区 10 个地点所采 100 个侏罗系样品所分析得出的古地磁学研究结论相一致。

该项研究成果所推断的华北板块旋转，为东亚这一著名构造运动的生态系统响应提供了新证据，也为理解中晚侏罗世至早白垩世过渡期的构造运动与气候变化之间的关系，以及对古地理和生物群的迁移演化带来了新启示。

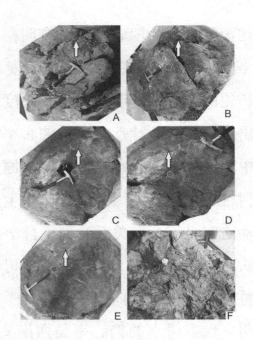

晚侏罗世土城子组原位直立木化石树桩生长轮及向阳性特征（引自南京地
质古生物研究所网站）

其实，树木古年轮的意义远不止这一点。树木年轮
生长由于受到诸多环境因子影响，如气温、气压、降水
量和向阳性等，因而隐含有大量的古气候古地理古环境
方面信息，可以帮助我们揭秘古今许多科学之谜。

例如，气象学上，可通过年轮的宽窄了解每年的气
候状况，利用年轮上的信息可推测出几千年来的气候变
迁情况。年轮宽表示那年光照充足，风调雨顺；若年轮
较窄，则表示那年温度低、雨量少，气候恶劣。如果某
地气候优劣有过一定的周期性，反映在年轮上也会出现
相应的宽窄周期性变化。

树木年轮

　　美国科学家根据对年轮的研究，发现美国西部草原每隔 11 年发生一次干旱，并应用这一规律正确地预报了 1976 年的大旱。我国气象工作者对祁连山区的一棵古圆柏树的年轮进行了研究，并对不同的生长阶段予以科学的订正，推算出我国近千年来的气候以寒冷为主，17 世纪 20 年代到 19 世纪 70 年代是近千年来最长的寒冷时期，一共持续 250 年。

　　环境科学上，树木年轮可以帮助人们了解污染的历史。德国科学家用光谱法对费兰肯等 3 个地区的树木年轮进行研究，掌握了近 120 ～ 160 年间这些地区铅、锌、锰等金属元素的污染情况，经过对不同时代的污染程度的对比，找到了环境污染的主要原因。

　　医学上，树木年轮对探讨地方病的成因有一定的作用。如在黑龙江和山东省一些克山病发病地区，发病率高的年份的树木年轮中的铂含量低于正常年份。这与目前地球化学病因的研究结果非常一致。

历史学上，常用年轮推算某些历史事件发生的具体年代。如在浩瀚的大海里，有历代沉没的大小船只，根据木船的花纹（年轮）可确定造船的树种；根据材质腐蚀状况确定沉船遇难的时代，及与该时代有关的某些历史事件。

在森林资源调查中，依据年轮的宽窄来了解林木过去几年的生长情况，预测未来的生长动态，为制订林业规划、确定合理采伐量、采取不同的经营措施提供科学依据。

美国甚至将年轮引入地震的研究中。他们认为，地震造成地面移动倾斜后，年轮上留下了树干力图保证笔直生长所做出努力的痕迹；又如根系横越断层或位于断裂附近，由于生长受到阻碍，该年形成的年轮就比较小。依此可以了解到当时地震的时间和强度，并能揭示地震史及周期，从而可以开展地震的预测预报。

总之，树木古年轮具有诸多神奇指示作用，为我们了解和认识远古时期的环境变化提供了丰富而独特的信息。

企鹅岛和海豹滩

金雷①

企鹅是南极的象征，也是南极冰雪世界最有知名度的动物。只要一提起南极，人们自然而然想起憨态可掬，像绅士一样身披黑色礼服的企鹅，所以我一到乔治王岛，立刻决定去拜访这些冰雪的娇子。

与中国南极长城站一水之隔的岛屿叫阿德雷岛，而这里所有的队员都称其为"企鹅岛"。因为每年的9月至第二年的3月，有三种企鹅，即巴布亚企鹅（亦称金图企鹅）、阿德雷企鹅、帽带企鹅，大约18000只左右在这里交配、产卵、孵化、生长，是个地地道道的企鹅王国。阿德雷岛大约5平方公里，除企鹅外，还生活着贼鸥、雪燕以及海豹。植物只有地衣和苔藓。

---

① 金雷，中国科普作家协会会员，原应急管理部地震和地质灾害救援司处长，高级工程师。

阿德利企鹅喂食

在我登岛时正是各种鸟类产卵、孵化的时间，到处都可以看到雄企鹅在巢中辛苦地孵蛋，有些小企鹅已经出世，雌企鹅正在喂养它们。企鹅家族实行一夫一妻制，在繁衍后代方面分工明确，雌企鹅交配之后2个月左右开始产蛋，一般1—2枚。艰巨的孵蛋任务落在雄企鹅的身上。在长达3个月的时间里，雄企鹅一动不动，不吃不喝，只靠消耗自己身体内的脂肪来提供孵蛋所需的热量。如果仅仅这点困难，还是可以克服的，但是，雄企鹅还会遇到天敌——贼鸥抢食企鹅蛋的袭击。此时的雄企鹅被迫在极度虚弱的条件下为后代的安全而自卫，往往是败多胜少，有时连雄企鹅都会被贼鸥伤害。在这艰难的 3 个月内，雌企鹅便到海中觅食去了。

闯入企鹅栖息地的贼鸥

当小企鹅出生后，雌企鹅凭着一种生物的特殊信息传递回到了自己的巢中，与雄企鹅一同负担养育幼雏。经过 20—30 天，小企鹅就可以独立行走了，这时的小企鹅浑身毛茸茸的，就像一只丑小鸭。所有巢中的小企鹅都集中起来，有成百上千只，由几只雌企鹅管理，过着集体生活，这就是南极洲生物界的一大奇观——企鹅幼儿园。

在阿德雷岛上有一所原先由民主德国所建立的鸟类感测站，两德统一后，该站关闭，房屋全部转让给智利

企鹅妈妈与两只企鹅宝宝

大学南极研究所，一到夏季研究所就到南极从事企鹅和其他动植物的生态环境研究。根据智利大学南极研究所一位从事企鹅研究的科研人员讲，由于飞机从岛上频繁飞越和上岛游客的不断增加，已经严重威胁了企鹅的生存环境，夏季岛上的企鹅数量在明显减少，如果再不采取措施，企鹅也许在不久的将来会放弃阿德雷岛这块栖息地。

1160平方公里的乔治王岛上目前有9个国家设立的常年考察站，有人的地方生态环境多多少少都要受到破坏，而位于岛南端和西端的两处海岸，因为交通不便，没有国家在那里建立考察站，那里的生态环境和自然景观，基本上没有受到人类的侵扰，还保持着较原始的状态。

一天晚饭后，已经三次到南极的老队员王德胜主动带我去岛上的风景名胜区——南海岸和海豹滩。

沿长城站区的海岸向东南方向行进，不久就看到了一个大集装箱，内有两把椅子和一张用木板搭的床。这是长城站设立的一处避难所，在南极洲有许多国家设立类似的避难所，供在附近工作的各国科考人员在遇到紧急情况时使用。

在一处岸边，忽然发觉脚边的大石头在动，是我的眼睛产生错觉了吗？不是，原来我已经来到了著名的海豹滩。雪上的那群黑乎乎的东西是正在休息的威德尔海豹，大约有20余只。威德尔海豹头很小，呈圆形；嘴唇边和鼻孔的周围有4—5厘米的毛。身上长着灰色或者灰黑色的短毛，犹如披着一件皮衣，腹部和两侧还装饰有许多白色的斑毛。海豹的前肢退化成一对25厘米长的蹼状胸鳍，后肢则退化成两片宽大的尾鳍。威德尔海豹体态优美，性情温和，白天常常分散在浮冰上或海岸边，养精蓄锐，晚上才入海捕食。也许是极昼的原因，已经是晚上9点钟，这群威德尔海豹还一个个呼呼大睡，听到我们走近的脚步声，有些抬头看你一眼，翻

个身又睡，而有些却仓皇向海中爬去，一脸惊吓的
样子。

威德尔海豹

威德尔海豹在南极洲沿岸最常见，也是最有代表性
的南极海豹。它们还是所有海豹中的潜水健将，潜水能
力极强，一般的潜水深度可达到 180—360 米，最深的
可达 600 米。它们生活在沿岸或坚固的浮冰上，即使在
寒冷的南极冬季也是如此。威德尔海豹的食物是鱼类、
乌贼和无脊椎动物。

每年的 10 月中旬，怀孕的雌海豹从浮冰区回到海
湾，用锐利的牙齿锯开冰洞，爬上冰面产下幼仔。这时
的雌海豹体态肥胖，体重能达到 800—1000 公斤。每年
雌海豹只产一只小幼仔，这个小生命要在雌海豹的肚子
里孕育 6 个月的时间。小海豹来到这个世界后，在母亲

乳汁的哺育下，生长非常迅速，每天能增加体重2—2.5公斤。在两个多月的哺育期中，雌海豹每天都和自己的幼仔在一起，它们不下海捕食，仅仅是靠冰面的积雪来解渴。小海豹渐渐长大，到12月中下旬时，小海豹已经长到了200公斤，并且能独立下海捕食了。可是这时雌海豹已经是瘦弱不堪，体重连400公斤都不到了。

告别了海豹滩，不久就走到了菲尔德斯海峡边，远眺纳尔逊岛上的冰盖壮丽无比，犹如一把白色的巨伞几乎将整座岛屿笼罩其中，只留出海岸边一小块布满鹅卵石的海滩。在菲尔德斯海峡中漂浮着许多冰山，它们都是从纳尔逊冰盖上崩塌的，其形态各异，有的像大蘑菇，有的像怪兽，还有的像航空母舰。海峡中有多座无人无站的小岛，是鸟类的天堂。这些小岛与冰山构成了一幅立体的画面，中国的科考队员将其命名为"漂浮的盆景"。

越向西走，路越难行，由于是夏季，冰雪融化，地面很松软，人一走到上面，脚就下陷，每走一步，既困难又危险。渐渐地海岸边的小路因涨潮而消失，不得不向山上走。可是，山路也不好走，不是风化得很破碎的岩石，就是厚达膝盖的积雪，稍有不慎，就会坠入海中或滚到山下。终于爬完了这段异常危险的小道，全身就像泡在水中一样，汗已把衣服全部浸湿，风一吹直打哆嗦。

　　站在山顶，德雷克海峡、地理湾的景色尽收眼底——漂浮的座座白色冰山，如同张帆远航的小舟；因山顶平坦而得名的平顶山，随着海水的涨落，时而与乔治王岛相连，时而自成一岛；从这个角度可以看到纳尔逊冰盖的一景——黑熊攀冰，有一块天然巨石露在冰盖之上，如一头巨熊在向上攀登。

　　突然，我发现自己无意中闯入了鸟类的王国。因为地上覆盖着大片大片的地衣、苔藓，鸟类就用它们筑巢、繁衍下一代。石缝中、山崖上，甚至地面上都筑有鸟巢，虽然已经是晚上 10 点多钟了，但是整个"营地"喧闹声依然此起彼伏。随着几声巨大的鸟鸣，几只雄鸟率领的巡逻队向我发起了凶猛的进攻，相邻的其他鸟群也派出了"多国部队"参战，迫使我抱头鼠窜，而它们依然不依不饶，大有"宜将剩勇追穷寇，不可沽名学霸王"之势。贼鸥是我到南极之后最不喜欢的鸟类，因为它们总是偷食其他鸟类的蛋和幼雏，甚至对在野外工作的科考队员下黑爪，发动突然袭击。有一次，居然把海洋三所余兴光教授的书包叼走，扔进海里。可是，你又不能还击，因为它们享受保护政策，真是对贼鸥又气又

— 120 —

恨！而此时此刻，却是贼鸥的偷袭救了我。当鸟巢周围的大批贼鸥看到巡逻队向我们发起进攻，感到有机可乘，就立刻向营地中的雌鸟和幼雏发动了突然袭击，一时间整个鸟巢上空到处是贼鸥的身影。雌鸟和幼雏的悲鸣声使穷追不舍的鸟群掉头救驾，让跑得上气不接下气的我们长吁了一口气。

在完成这趟远足之旅，回到长城站时，已经是午夜12点多了，但是太阳依旧斜挂在空中。

黑弹树棒棒糖里的象和蜂

刘华杰①

黑弹树嫩绿的虫瘿中，有北京瘿枝象（赵氏瘿孔象）的幼虫

黑弹树的树枝上经常会长出小瘤子，其实是虫瘿

在北京的野外，很容易看到绿色的、活的植物细枝上，长了许多棒棒糖一样的树瘤，直径 14—24 毫米，稍正式的名字是虫瘿。虫瘿里面有什么？有象！

北京有象吗？有。北京香山饭店附近就有许多，我还带领中央电视台的人过去拍摄过；北京大学校园中也

---

① 刘华杰，北京大学哲学系教授，博物学文化倡导者。

有，其中第一观察点是校园塞万提斯像东北部小桥边的一株树，第二观察点是校园未名湖临湖轩东部耳湖西南角的一株树。

象能上树？能，而且基本不着地。此象非彼象，它是一种昆虫。想一想"白马非马"论。这种象小得很，体长 6—7 毫米，约为小指甲盖儿的一半长，与巨无霸非洲草原象、西双版纳的亚洲象、寒冷地带曾存在过的猛犸象形成鲜明对比。此象的喙很显著（想一想大象的鼻子吧），约为体长的四分之一，由额向前延伸。喙很厉害，如凿子一般，能用于穿刺取食，还能在植物上钻孔。此象吃植物过活，称植食性。此象的生存类似于谷象、米象。

此象在分类学上归鞘翅目象甲科昆虫，也称象鼻虫。已知象甲科约 51000 个物种。过去曾是最大的科，现在被膜翅目的姬蜂科（约 60000 种）超过。学界提及此"虫子象"时，经常用到两组名字：北京枝瘿象和赵氏瘿孔象。后者甚至更常见，当年中科院动物所张润志告诉我的就是后者。但严格讲，后者无效，有效命名应当是前者。张先生肯定知道前者，为何他告诉我的却是后者？看到后面就能猜到了。

此象专一性地寄生在植物小叶朴的嫩枝上，这种植物便是它的主要食物来源，迄今在别的树种上没有见到它。在北京每年4月中下旬，此象开始在小叶朴的嫩枝上啃食并产卵，制造棒棒糖状的虫瘿，让后代在其中孵化。成虫寿命达240天，大部分时间待在虫瘿内。虫瘿相当于其一个世代的住房。下一代自然要换新居，办法是第二年春天寻找鲜嫩的枝芽，将虫卵注入，同时分泌某种激素，令植物快速膨胀生长出"棒棒糖"。

小叶朴正式名称为黑弹树，原来分在榆科，现在改为大麻科。民间也称此植物"山黄瓜树"。为何？因为刚膨大的棒棒糖（虫瘿）可食，味道如黄瓜，我曾带学生吃过。黑弹树模式标本是1831年邦格在北京附近采集的，荷兰植物学家布卢姆1856年发表。

赵氏瘿孔象在中国分布很广，但学界认识它却很晚。中华人民共和国成立初期就有学者对其进行饲养和详细观察，但一直没有准确鉴定。1980年，赵养昌（美国俄亥俄州立大学昆虫学博士，中国科学院动物研究所研究员）核对了英国的已有标本，确认这种象鼻虫为一新种类。但赵养昌不久后去世，没能完成描述和命名。1989年8月，赵养昌的学生陈元清，为纪念恩师完成论文，将其命名为 *Coccotorus chaoi*，意思是赵氏瘿孔象。学界有规定，一般说说不行，要合格发表才算。陈的论文投稿到《昆虫学报》，但发表过程拖得很长，直至 1993 年 2 月才正式发表出来。1989 年 11 月，北京园林学校的林开金和北京市农业学校的李桂秀（毕业于四川农业大学）共同完成了内容相似的论文，投稿给《四川农业大学学报》，论文于 1990 年正式发表，他们将该昆虫命名为 *Coccotorus beijingensis*，意思是北京枝瘿象。按国际动物命名法规的优先法则，它是有效学名，而陈给出的 *Coccotorus chaoi* 只能算异名。相应地，在中文世界，北京枝瘿象是正式名，不宜再叫赵氏瘿孔象。

至此，故事只说了一半。方寸之内有乾坤。北京瘿枝象寄生于黑弹树上，算一阶寄生；还有另一种生物寄生于此象身上，算二阶寄生。它是一种更小的昆虫，不是鞘翅目的而是膜翅目。2004 年中国林业科学研究院姚艳霞和杨钟岐在《芬兰昆虫学》杂志发表寄生于北京瘿枝象幼虫身上的一个昆虫新种：*Ormyrus coccotori*，作者自己后来给出的中文名为瘿孔象刻腹小蜂，标准化后应当称枝瘿象刻腹小蜂。两人起初于 1997 年在山东发现的。2001 年在北京香山公园再次见到了这种寄生蜂。

这个发现很有意思，它是目前发现的唯一寄生于象甲科的刻腹小蜂科物种，膜翅目寄生到了鞘翅目的身体上，因而属于跨目寄生。这种寄生蜂非常小，如何找到它呢？姚艳霞和杨钟岐描述得很仔细："4 月初采集上一年无孔虫瘿进行室内饲养，待刻腹小蜂成虫羽化后，将其放入装有当年新鲜虫瘿的广口瓶内进行饲养，观察其后代的生活习性，待第 1 代小蜂成虫羽化后止。于 7 月初在林间采集新的虫瘿，室内饲养观察第 2 代的生活习性。此外，适时林间采集虫瘿进行解剖，比对室内观察结果。"

北京瘿枝象（赵氏瘿孔象）及其在黑弹树上制造的虫瘿。棒棒糖状的虫瘿上有一个小的出入孔，天冷时虫子就钻进去，暖和时就爬出来。刘华杰于 2021 年 2 月 4 日拍摄。

公民博物学宜从身边操练起来，辽宁、河北、山东、山西、内蒙古、甘肃、宁夏、青海、陕西、河南、安徽、江苏、浙江、湖南、江西、湖北、四川、云南、西藏都有黑弹树，大家有空不妨亲自观察一下。在此也提及几个事实供大家参考，它们是学者用很长时间观察才确认的：第一，刻腹小蜂长成后也会钻孔，从棒棒糖里边爬出来。但两种昆虫的羽化孔（即图片棒棒糖上的那个小孔）直径不一样，瘿枝象的1.8—2.5毫米，而刻腹小蜂的0.8—1.2毫米。看孔径的大小，结合解剖，可以判断哪些棒棒糖被寄生过。第二，刻腹小蜂在瘿枝象的幼虫中只寄生一枚卵，小蜂产卵所送达的位置极其精准！操作办法是，小蜂成虫产卵时，"先用产卵器刺透寄主虫瘿壁，再将产卵器刺入象甲幼虫体内，分泌毒液将其麻醉，而后将卵产于瘿孔象幼虫的头部后方与胸部相接处"，一般用2—3天幼虫即孵化。刻腹小蜂幼虫孵化后，枝瘿象（瘿孔象）幼虫并没有死掉，小蜂幼虫用其口钩抓住枝瘿象幼虫头部后侧，外寄生于枝瘿象幼虫体上，吸食幼虫的体液，直至其死亡。听起来，挺残忍的吧？大自然中不同生命的存活，各有其道。第三，北京瘿枝象一年发生一代，而瘿枝象刻腹小蜂一年发生两代。雌蜂成虫寿命只有2—3天，雄蜂为4—6天。第四，寄生率比较高。研究发现，在山东为14%，在北京为31%。此小蜂是优势种天敌，对控制瘿枝象种群数量起重要作用。一物降一物，谁也别猖狂。

小结一下整个故事，有四个"目"的物种参与。百姓若能亲自观察并了解其中关系，自然容易超出"人类中心论"看世界。灵长目的人在观察、讨论事件，此其一。荨麻目黑弹树这种植物是一阶寄主（受害方），此其二。鞘翅目北京枝瘿象寄生于黑弹树上，是受益方，此其三。膜翅目瘿枝象刻腹小蜂又寄生于北京枝瘿象（二阶寄主）身上，此其四。如果在"科"的层面看，则这个系统分别涉及：人科、大麻科、象甲科、刻腹小蜂科。反过来，其他物种能观察我们人类吗？人家根本不在乎人类，除非人类破坏了其生存环境。

最后提几个问题。北京枝瘿象和瘿枝象刻腹小蜂均有6条腿，那么是不是所有昆虫都有6足呢？这涉及逻辑学的必要条件和充分条件。在此可考虑我提出的"双非原则"。提示：第一，虫子中的原尾目、弹尾目、双尾目都是6足，却都不是昆虫。第二，昆虫之幼虫期毛毛虫通常具3对胸足，腹足和尾足大多为5对。

现在已知瘿孔象刻腹小蜂寄生于枝瘿象，除此之外它是否还寄生于别的物种？学界为何仍然经常用赵氏瘿孔象这一异名？黑弹树是完全受害者吗？想一想非洲大地上金合欢与蚂蚁的共生关系。

鸟儿是恐龙变的吗

叶剑　徐星①

　　1832 年 7 月 26 日，贝格尔号停泊在蒙得维的亚。在以后两年里，我们一直在南美洲最南端和东面的海岸一带，以及拉普拉塔河的南面考察。马尔多纳多是拉普拉塔河北岸的一个小城，小城周围的波浪形草原上，鸟类特别多。其中有一种鸟叫作牛鹂，时常几只一起停歇在牛背上。这种鸟也像杜鹃一样，把自己的蛋下到别种鸟的巢里。

　　在北美洲，有牛鹂属的另外一个种，也具有这种与杜鹃相似的"混蛋"习性，甚至也喜欢停歇在牛背上。杜鹃和牛鹂这两个属，它们的身体构造和其他习性差别很大，却共有着这种奇特的繁殖习

<hr>

① 叶剑，副编审，中国古脊椎动物学会理事，中国科普作家协会副秘书长、理事。徐星，中国科学院古脊椎与古人类研究所研究员，已发现和命名 70 余种恐龙，是目前世界上发现并命名恐龙最多的科学家。

性，令人备感兴趣。有许多种假设被提出来，解释这种习性的起源。

——《达尔文环球考察日记》节选

达尔文在他的环球考察期间，观察过很多有趣的生物，比如生活在加拉帕戈斯群岛上的鸟类。这些鸟类显示出来的一些信息，尤其是它们的喙的形态变化，促使达尔文去思考物种是怎么样形成的，乃至对后来进化论的提出，都起到了非常关键的作用。通过对杜鹃和牛鹂这两个属的鸟类的观察，他发现了它们的相似习性，并思考这些共同习性的起源问题。进一步，他当然也会思考整个鸟类大家族的起源问题，但在当时，对最早的鸟类是怎么来的这个科学问题，科学家们的探究还很难深入，原因很简单，当时与这个问题有关的化石发现实在太贫乏了。

在达尔文1859年发表《物种起源》两年之后，这个问题的探究有了重要的线索，这个线索就是发现在德国索洛霍芬地区的始祖鸟化石。始祖鸟生活在约1.5亿年前的侏罗纪，它有着一些典型的鸟类特征，比如它有羽毛，同时它又有一些典型的爬行动物特征，比如长长的骨质的尾巴，满嘴长着牙齿，前肢上还长着尖尖的利爪。这种像拼七巧板一样的镶嵌性特征，显示它可能是从爬行动物到现代鸟类之间的一种"过渡性"生物，这正好是一种对进化论的巨大支持。

在发现始祖鸟那个时期，恐龙也开始不断被发现，科学家对恐龙的了解逐渐增多。在始祖鸟被发现之前，索洛霍芬地区就曾发现一种小型恐龙——美颌龙。小朋友们也许听过这样一个故事：达尔文的好朋友、科学家赫胥黎参加一个晚宴，吃火鸡的时候突然联想到美颌龙，因为他觉得两者的骨骼非常相似，于是灵光乍现提出了鸟类起源于恐龙的假说。这其实只是一个简单化、故事化的说法，实际上，鸟类的恐龙起源假说是在赫胥黎及另外几位学者都注意到了恐龙和鸟类的一些相似性之后，慢慢形成的一个科学假说。

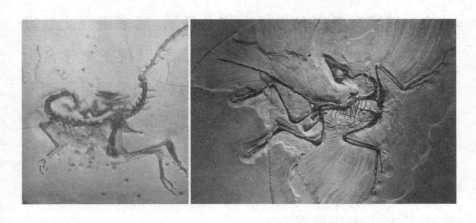

德国索洛霍芬地区发现的美颌龙和始祖鸟化石，骨骼结构很相似

说到鸟类，最典型的特征就是浑身长满羽毛。既然说恐龙是鸟类的祖先，那恐龙有羽毛吗？

根据最近二三十年来的古生物发现和研究，许多恐龙确实长有羽毛，而且有些恐龙的羽毛还非常漂亮。在我国东北的侏罗纪中晚期和白垩纪早期地层中，科学家们发现了一大批带羽毛恐龙，诸如近鸟龙、天宇龙、中华龙鸟、羽王龙、尾羽龙、小盗龙、寐龙等，为鸟类的恐龙起源假说提供了最有力的化石证据。这些恐龙化石上的羽毛形态有的简单，有的复杂，正好给我们展示了羽毛是怎样演化而来的过程。

最早的羽毛形态像我们的头发丝一样，非常简单，比如中华龙鸟和天宇龙的羽毛。中华龙鸟发现于1996年，是最早被发现的带羽毛恐龙，因为化石保存了羽毛结构，被研究者命名为"中华龙鸟"，后来研究之后发现其实是一种小型恐龙。生物的命名以拉丁文学名为准，原则上一经命名就不能改了，以免引发混乱不明所指，比如中华龙鸟的拉丁文学名是 *Sinosauropteryx*，一直沿用至今。但"中华龙鸟"其实是中文译名，译名并非严格地不能修改，所以有的中国科学家已经在谋划为它正名为"中华鸟龙"。

然后羽毛开始变得稍微复杂一些，出现了分支结

中华龙鸟化石和复原图

构，像现代鸟类的绒羽一样，比如北票龙、羽王龙的羽毛。这些简单类型的羽毛，功能可能是保暖。羽王龙是一种体长可达9米的暴龙类，是大名鼎鼎的美洲霸王龙的远亲，也是迄今发现的体形最大的带羽毛恐龙。它的羽毛长可达20厘米，可以说是史上最大的一件毛绒大衣。山东诸城恐龙博物馆和内蒙古二连浩特恐龙博物馆，各收藏有一件羽王龙标本。

再后来，片状的羽毛和不对称飞羽相继出现了。尾羽龙的尾巴顶端长着一束扇形排列的片状尾羽，在它的前肢上也长着片状羽毛。这种片状羽毛具有羽轴，羽片对称，总体形态和现代鸟类的羽毛已经很相似，也应该具有了与现代鸟类羽毛相似的展示、炫耀功能。更进一

天宇龙复原模型　　　　　　北票龙复原模型

羽王龙复原图

步，近鸟龙和小盗龙的羽片，羽轴变得弯曲，羽轴两侧结构变得不对称。一般认为，这种不对称的羽毛才具有飞行功能，因此近鸟龙和小盗龙应该具备了初步的飞行能力，它们的羽毛不管是形态、结构还是功能，与我们熟悉的现代鸟类身上的羽毛都已经相差无几了。恐龙终于能够展翅飞行，离演变成鸟类已经不远了。

尾羽龙复原模型

近鸟龙复原模型

保存了羽毛的小盗龙标本（北京
自然博物馆收藏）

小盗龙复原图

那恐龙究竟长啥样呢？自两百年前恐龙被发现以来，人们就不断尝试以绘画、雕塑、影视等方式重现恐龙，但由于很难从骨骼化石中获取信息，对恐龙的体表颜色和外貌，科学家们一直只能做一些合理的猜测。最近十年来，中外科学家通过研究我国东北带羽毛恐龙化石中保存的羽毛黑色素体，复原出了小盗龙等恐龙的羽毛颜色。恐龙的外貌问题终于告别了猜想，有了基于科学研究的结论。

黑色素体是一种包含黑色素的亚细胞结构，以不同的大小、形态和堆叠方式存在于不同的细胞中，让细胞和组织呈现出不同的颜色。科学家将恐龙羽毛化石上保存的黑色素体与现代各种鸟类羽毛中的黑色素体进行结构比对，从而推断出了一些恐龙羽毛颜色。研究发现，中华龙鸟的羽毛主要为红橙色，尾部具有环形斑纹。近鸟龙的羽毛主要是灰色、黑色和白色相间。小盗龙通体漆黑的羽毛，在阳光下还会闪耀出蓝色辉光，类似于燕子背部的羽毛。现代鸟类五彩缤纷的羽毛，在中生代恐龙身上就已经初具雏形了。

　　恐龙演变成鸟类，最让人感觉不可思议的一点是，恐龙那么庞大威猛，怎么可能变成轻捷小巧的鸟儿呢？实际上这是大众对恐龙的一个想当然的误解。有些恐龙体形巨大，但在恐龙世界中也有很多很小的恐龙。有些恐龙体重只有几百克重，体形相当于鸽子，甚至更小。大型化是恐龙演化中的一个重要趋势，变成巨无霸显然有生存的优势，但在恐龙的演化史中，也有一支不断变小，最终长出羽翼飞向蓝天，成为鸟类。

　　除了体形变小，在恐龙演变成鸟类的过程中，它们的整个身体结构也变得越来越像鸟，比如说前肢越来越长，尾巴越来越短，到最后身体骨架与原始的鸟类就没有太大的差别了。除了骨骼结构上的变化，还伴随着一系列的其他变化，比如颌骨变成了角质喙。另外，有化石显示有些恐龙产蛋方式接近鸟类，也会像鸟类一样孵蛋，还有化石显示恐龙的睡眠方式很像鸟类。许多鸟类睡觉的时候喜欢把嘴放在翅膀下面，这应该是一种保护性的姿态，发现于辽西的寐龙化石，就保存了类似的睡姿，也因此得名"寐龙"。因此从行为习性上，我们也能找到鸟类与恐龙的关联。

所以，鸟类就是"未亡的恐龙"，小朋友们完全可以在自家阳台上的笼子里养几只恐龙玩玩！

芍药殿春风

祁云枝[①]

春末，大概是一年中最舒服的季节，白天阳光潋滟，夜晚清爽宜人。气温尚未燥热，雨季也没有来临。无蚊虫叮咬，无蝉声扰人。一切，都刚刚好。

百花园开始变得寂寥。花儿早春时分显现的姹紫嫣红，纷纷香消玉殒，那种山呼海啸般的能量，悄然化作绿色的汁液，流向叶子，流向根，流向一天天长大的果实。

就在我感叹绿肥红瘦的时候，我看见了它们，一方青石旁，一丛芍药恣意摇曳，像下凡的仙女，千娇百媚得让我的呼吸都有些急促了。

情不自禁地走过去，弯下腰来与它对话。绿油油的革质叶子，参差交互，闪烁出碧绿的光芒。可此刻，它

---

① 祁云枝，就职于陕西省西安植物园，陕西省植物研究所，研究员。

们是底色，也是背景，为的是托举出两朵娇艳的大花和一支含苞的花蕾。

丝丝清香，飘在空气里。缎面一样的大花瓣是水红色，由花心向花瓣色彩逐渐变浅，直至过渡到白。花朵中心，是一丛明黄的花蕊，森林一样的雄蕊侍卫般守护在5枚矮胖的雌蕊四周，热热闹闹，黄得炫目。十余枚花瓣簇拥在花蕊旁，不显单薄，也不繁复。是我喜欢的姿态，是我喜欢的颜色。

浑身沾满花粉的蜜蜂，在花蕊间俯身、低眉，和花蕊亲吻，它比我更懂得如何爱慕芍药。

心情激动起来，恍惚间以为又回到早春，回到牡丹、郁金香、榆叶梅、海棠们竞艳的春天。环顾四周，分明绿多红少，并无"百卉千花共芬芳"的场面。

猛然想起时令，也想起芍药的一个别名：婪尾春。婪，贪婪也；尾春，自然是春末。连起来就是：芍药贪恋春天，于是在春末绽放。这和苏东坡先生的"多谢花工怜寂寞，尚留芍药殿春风"，有异曲同工之妙。

芍药果真贪恋春天么？芍药可不这么看自己，它一直和温度谈恋爱，暮春的温度恰好可以获取它的芳心。再说，大家一股脑都挤在春天里绽放，其他季节该有多寂寞！所以，一定是给芍药取名"婪尾春"的人，自己在恋春呢。

和"萋尾春"相比，我更喜欢芍药的另一个别名：离花。

《诗经·溱洧》有："维士与女，伊其相谑，赠之以芍药。"

讲的大约是春末的一次郊游，成就了一次艳遇。他和她牵起手，在溱河、洧河边上观光赏景，临别，已是你侬我侬。他赠她一支芍药，将惜别之情，全写在芍药花上。

她从他手里接过芍药的那一刻，想必也有"桃花潭水深千尺，不及汪伦送我情"的心思吧。

从《诗经》里走出的芍药，给这次艳遇画上了句号。至于艳遇之后的故事，《诗经》里没有下文，如果真想知道，就去问芍药吧。因为从此，芍药花获得了"将离""离花""将离草"等等芳名。好多时候，我们明明知道世上没有不散的宴席，但真正到离别时，却很难做到释怀。幸亏有芍药花可以做信物，让分离和念想都有了寄托。

芍药，还有一个好玩有趣的名字，叫"气死牡丹"。

单从花朵来看，牡丹和芍药，难分伯仲。一样的雍容，一样的娇艳。只不过，牡丹是木本，芍药是草本；

牡丹花早开，芍药花迟开；牡丹花低调，隐在枝叶间，芍药则高调，花开时高出叶子很多。因为这个，有人竟说芍药好显摆，努力争宠，于是把脖子给伸长了。

诗人刘禹锡也不喜欢芍药，不仅不喜欢，还有些蔑视。写诗为证："庭前芍药妖无格，池上芙蕖净少情。唯有牡丹真国色，花开时节动京城。"

瞧，刘大诗人夸牡丹时，竟顺带损了一下芍药和莲花。这让我觉得刘大诗人在对待花儿这件事上，有些趋炎附势。同样是花，没必要厚此薄彼嘛，芍药和莲花又没有得罪你。

或许是受了诗歌的影响，有人自作主张，让牡丹做了花王，芍药屈为花相。李时珍也曾附会：群花品中，以牡丹为第一，芍药为第二。真想不通，药王如此划分的依据是什么，尺有所短，寸有所长，哪里来的第一、第二呢？

也有人替芍药鸣不平。看啊，芍药开花时，牡丹已落英缤纷，该不是被芍药给气死的吧？肯定是的，好！那把芍药就唤作"气死牡丹"吧。

哈哈，"气死牡丹"！当这个名字，一遍遍从我嘴里呼出来时，竟有晴雯撕扇般的酣畅淋漓。

芍药后来变得炙手可热，该去感谢一个叫"四相簪花"的典故。

北宋科学家沈括的《梦溪笔谈·补笔谈》载，北宋庆历年间，名臣韩琦因推行新政被贬扬州。原本失意的他因此多了些空闲，也多了几分雅兴，常在府内花园莳花弄草。一日，韩琦到园中赏花，见一芍药茎干上长出四个枝杈，每枝一花，花瓣殷红，中间一圈金黄的花蕊。韩琦很是惊奇：此花难得一见，若与朋友共赏之，岂不快哉？便想立即邀约三位宾朋一同赏花，以应一干四花之祥瑞。其时，扬州城有两位才俊，其一名叫王珪，另外一位是王安石，均才华出众。韩琦心想，花有四朵，人只有三个，未免美中不足，随便请个人来吧，怕辜负了奇花。踌躇之际，忽有一人来访，此人名叫陈升之，也是一位名士。韩琦大喜，遂四人齐聚花前赏花弄墨，品酒吟诗。末了，韩琦把四朵奇花摘下，每人头上簪了一朵。

故事的出彩之处在于，此后三十年间，韩琦、王珪、王安石、陈升之四人，竟先后都做了大宋的宰相，应验了"花相"

祁云枝设计绘图

之意，这就是广为流传的"四相簪花"。

韩琦花园中的奇花，因为形似身穿红色官袍、腰系金色腰带的宋朝官员，后人取名"金带围"，也称"金缠腰"。

此后，但凡做官者，都以能观赏到"金带围"为升官的吉兆。民间也以讹传讹：说是若出现了"金带围"这种芍药，当地就要出宰相了。

神乎其神的"金带围"，使得芍药头顶上从此紫气环绕，飘浮着吉祥富贵的云朵。

听完这个典故，我的第一印象是，这是四位矫情的男子。喜欢花朵非要摘下来据为己有么？四个大男人，每人头戴一朵芍药花的画面，想想都很滑稽。但志趣相投之人相约赏花吟诗的雅聚，很对我的胃口。

后来，我专门百度了一下"金带围"。

从图片上看，名叫金带围的芍药，花瓣的颜色都是粉红色的重瓣花。所谓的金腰带，自然是黄色的雄蕊，只是，这雄蕊没有长在花心部位，而是长在花朵的"腰部"，将花朵一分为二。换句话说，在本该生长雄蕊和雌蕊的花心位置，却长出了花瓣。

站在植物学角度看，"金带围"是"雄蕊瓣化"演变过程中的一个状态，算是一种返祖现象吧。就像我们在现实中很少见到毛孩一样，"金带围"在现实中碰到的概率也不大。

花朵的本质，其实是变态的叶子。雄蕊，来源于叶子，而花瓣，是由雄蕊变来的。在较原始的花中，没有花瓣，雄蕊完全裸露。慢慢地，植物为了吸引昆虫传粉，尝试着将外围的雄蕊变宽增长，甚至给这些变化后的雄蕊，涂脂抹粉以增加其魅力，直到花药的痕迹逐步消失。植物发现，在做了这些改变后，昆虫"媒人"果然更愿意接近雄蕊了，于是加快了雄蕊变瓣的脚步——更宽，更长，更艳丽。最后充分瓣化，就形成了我们和昆虫眼里千娇百媚的花瓣。

在这个进化过程中，有的品种因外界或自身的原因，会在外瓣与变瓣之间，残留一圈正常的雄蕊，就像一圈金色的腰带。

"金带围"就是返祖回到了这个时期的演化状态。也就是说，它其实是没有完全瓣化，正走在雄蕊变花瓣的半道上。

至此，用不着我说，大家也能看得出来，"金带围"和能否升官发财一点儿关系也没有。

但不可否认，"金带围"引出的芍药佳话，给我们平淡的日子，增添了许多的趣味和希冀。

守护南海珊瑚林

赵致真①

　　这是一片神奇而辽阔的蔚蓝。当庄严的赤道从曾母暗沙之南 200 海里处划过，当浩荡的季风从 U 形九段线吹过，世界的版图上便清晰地标记出了中国的南海。深深感恩于我们勤劳勇敢的祖先，为中华子孙开拓了如此壮丽的水域和海疆，留下了这样厚重的祖产和家业。东沙群岛、西沙群岛、中沙群岛、南沙群岛，200 多个岛、礁、沙、滩如繁星撒在浩瀚的苍穹，如宝石镶满蓝色的丝绒，构成南海的框架和坐标。我们还要惊叹大自然的巧妙设计，中国南海的岛屿并非大陆岛和冲积岛，它们的基本成因是亿万珊瑚在亿万年生命活动中造就的珊瑚礁。唯其如此，不认识珊瑚就无从谈起南海诸岛了。

---

　　① 赵致真，作家、电视导演及制片人。曾任武汉电视台台长。全国科普先进工作者。1999 年获意大利普利莫·罗菲斯国际科普奖。

中科院南海海洋研究所里，聚集了一批最智慧的头脑。下属各专业机构根须四布，连接着南海的一脉一息。黄晖所在的中国科学院热带海洋生物资源与生态重点实验室，便是研究珊瑚的一支主力军和国家队。

形貌奇异、色彩斑斓的珊瑚，很早就受到人类青睐并进入经济文化生活。西晋时代王恺和石崇斗富，最后靠着拥有珊瑚的多寡和优劣而一锤定音。至于珊瑚究竟为何物，则长期以来各说各话。有人认为是石头，《说文解字系传》云："今人所谓珊瑚，石也。"也有人主张是树木，李时珍在《本草纲目》中写道："珊瑚生海底，五七株成林。"真正把珊瑚归入动物王国，已经是近代科学的认知了。

大小如米粒，体形如圆筒，环状排开的多条触手招摇不停，将浮游生物攫入口中……这便是刺胞动物珊瑚虫的生命姿态。但珊瑚虫主要的营养来源却并非捕食，而是体内虫黄藻的光合作用。我们看到了一对绝妙的共生关系：虫黄藻是珊瑚虫的"房客"，用光合作用产生的糖和氧气"交纳房租"，并赋予"房主"五彩缤纷的颜色；珊瑚虫则不仅解决虫黄藻的"住宿"，还将自身代谢的产物二氧化碳及氮、磷等供给虫黄藻做光合作用原料，真可谓佳偶天成，互利双赢。

当外胚层不断分泌碳酸钙，珊瑚虫开始化柔为刚，杯状的壳体成了外骨骼和"自建住房"。由于珊瑚虫摄取营养的昼夜模式，造成碳酸钙外壳生长环纹的周期性盈缩，我们能从 X 光和显微镜下看到古老珊瑚虫化石留下的"日历"，如同树木生长的年轮，证明泥盆纪时候地球确实自转更快，一年曾经有 400 多天。

珊瑚礁的形成，生动见证了"铢积寸累"和"日积月累"的伟大力量，建筑的基本单元只是每个小虫的骨殖，漫长的工期则从 5 亿多年前寒武纪直到今天。岸礁，在潮水涨落线之间与陆地连成一体；堡礁，多平行海岸由潟湖隔离；环礁，则卓立远海并内存潟湖。珊瑚礁以其巨大尺度和体量，赫然改变了南北纬 30 度之间热带浅海的版图。著名的大堡礁绵延 2500 千米，是太空中唯一能看到的活体地质构造。中国南海则拥有全球 2.57% 的珊瑚礁资源，位居世界第八，这是得天独厚的国之瑰宝。

基础数据应该是一切研究的前提，岸线、气温、日照、水质、土壤、风力、生物群落、植被分布，获得资料的最可靠手段是实地测量。望远镜、放大镜、定位仪、测距仪，黄晖团队的才俊们不一定都有汽车驾证，却个个考过了潜水执照。选取样地、样方，布下样线、样带。大船无法在礁丛行驶，便放下小艇到潟湖泛舟；人迹罕至的沙滩孤悬海角，就自带给养在岛礁生存。经过两代人的勘探、普查、修订、增补，南海诸岛已经建立了清晰的生态区划和物种户籍。

珊瑚礁被称作海洋中的"热带雨林"和"沙漠绿洲"是实至名归的。在全球3.6亿平方千米的海底面积中，珊瑚礁只占0.2%，但却是25%海洋生物的家园。千姿百态的鱼鳖虾蟹，五光十色的贝螺虫藻，都在琼林玉树间聚族而居和繁衍生息。这里旺盛的净初级生产力是海洋的生命发动机，造就了我们这个行星上最高级而复杂的生态系统，形成了海洋生命最丰富的基因库和宏大的博览会。

谁也不再怀疑珊瑚礁和人类命运息息相关。珊瑚礁支撑着全球渔业的可持续发展，保护着海岸不受风浪潮汐侵蚀，贮存着丰富的石油天然气宝藏，蕴藏着珍稀独有的药用资源；作为观光旅游的圣地，珊瑚礁又被誉为"潜水天堂"和"海底花园"。

然而，亿万年间挺过冰河泛滥、陨石打击、火山爆发、海面起落的珊瑚礁，却无法承受近百年的人类活动了。全球气候变化和海水温度升高，成为珊瑚礁毁灭的主要祸根，白化则是第一瘟神和杀手。

"合则两美，离则两毁"，珊瑚虫和虫黄藻的共生关系原本是珊瑚礁健康生存的基础，而骤然变化的环境使这些小生命产生持久的应激反应。珊瑚虫开始代谢紊乱、躁动不宁，虫黄藻则变得酶功能失序、光合作用锐减，最终导致了大好姻缘破裂，彼此一拍两散。究竟是珊瑚虫"翻脸"，驱逐了虫黄藻，还是虫黄藻"背叛"，逃离了珊瑚虫，至今仍然清官难断。但严重的后果是，珊瑚虫失去了虫黄藻，从此"六宫粉黛无颜色"。虽然还不至于立刻死去，但几条触手在夜间徒劳地捕食，远远无法维持生命需求，如果不能在短期内与虫黄藻"破镜重圆"，最终将会沦为"饿殍"。这时候，万紫千红的生态乐园便只剩下珊瑚虫的累累骨骸。

1998 年，厄尔尼诺现象登上各国媒体头条时，珊瑚礁首当其冲经历了全球性大扫荡。2016 年的厄尔尼诺现象已经让世界 90% 珊瑚礁受到致命损害。对于全球气候变化，珊瑚礁可谓"水暖先知"的显示仪和预警器。此外，海洋的酸化、海水的污染、紫外线辐照的增加、海上工程的骚扰，都是珊瑚礁白化的肇因。国外有科学家悲观预言，珊瑚将在 50 年内从地球消失，引发整个海洋生态系统崩溃。如何在千钧一发间挽救珊瑚礁，要靠人类的智慧和决心了。

更为不可饶恕的罪过，是近年来的直接破坏。对海洋生物的掠夺性捕捞、对珊瑚礁不择手段的盗采，让许多稀世珍宝遭受荼毒，让大自然千万年的慢工细活毁于一旦。我们生为万物之灵，究竟"灵"在何处？该如何唤醒社会的良知，放弃暴殄天物，制止野蛮和贪婪？

　　1990年，国务院正式批准建立三亚珊瑚礁国家级自然保护区，湛江徐闻珊瑚礁自然保护区也于2007年晋升为国家级。2012年，三沙海洋生物自然保护区已在建设中。合理划定核心区、缓冲区和试验区，让珊瑚种群摆脱尘嚣，回归宁静，休养生息，再图大计。这是对南海生态真诚的敬畏和礼遇，也为科学研究提供了可靠的实验基地。

　　精心编撰的珊瑚鉴定图谱和识别手册，既是科研的参照、科普的读物，也是执行国家重点保护动物法规的依据和基础。野外拍摄，案头考辨，其中的心血和甘苦一言难尽，它们的价值和意义绝不低于科学论文。

　　在今日南海的评价指标体系中，珊瑚礁的权重已经非同一般。举世瞩目的造岛工程，就在规划、设计、施工各阶段划出了保护珊瑚礁的生态红线。如果说大自然几千年间的风浪推送和海流搬运，让珊瑚贝类的残片碎屑聚沙成岛，今天的吹填技术，只是按动这一自然过程的快进键：用绞吸式挖泥船把潟湖中的珊瑚沙砾泵送到潮上陆域，让它逐步演化为海上绿洲，这便是生态岛礁的理念和自然仿真的思路。

保护珊瑚礁是一盘永远下不完的棋，被动消极的守势和积极主动的攻势，又属不同的棋路和棋风。为什么不能像荒山造林那样在海底播种插条，让珊瑚林大面积开拓生存空间？这正是黄晖团队殚精竭虑的全新课题。

传宗接代对于每个物种来说都是头等大事，珊瑚就兼具无性生殖和有性生殖两种本领。从身体的边缘和中间发芽、断裂，不断克隆出新的个体向周边扩展，正是靠着无性繁殖的分身术——自我复制，让珊瑚礁从很小的地盘发展成结构宏伟、体量庞大的海底巨观。

这种无性繁殖和再生功能又是一脉相通的。将珊瑚枝切成手指大小，经过暂养和培育，再附着到预定海域的人工礁体上，让它们另起炉灶、安家落户，成为珊瑚礁新的家园。这种珊瑚移植需要外科手术的细心和地质勘探的准确，挑花绣朵的巧思和抽丝织锦的品位。2013年，黄晖团队已经在西沙建立了将近1公顷的珊瑚底播试验区和示范区，经过不断完善改进，来日一定可望大成。

有性繁殖是珊瑚虫向高级生物进化的证明，虽然雌雄同体、雌雄异体并存让珊瑚虫显得性别混乱，却不妨碍精子、卵子的产生和成熟。平时，雄体珊瑚虫的精子排出后，从水中游进雌体腔肠，并在那里和卵子结合形成浮浪幼虫，再被"吐出"而返回大海，经过漂泊流浪，最终固着在海底坚硬的构造上安身立命。

一年一度的珊瑚排卵事件，则是大自然最典型的同步现象和最神奇的生命凯歌。满月之后，夜幕降临，随着至今无法解释的指令，亿万珊瑚虫体内的生物钟同时发动，将蓄势已久的精子卵子孤注一掷排入海中。如杨花乘风，如柳絮起舞，如烟火齐放，如大雪纷飞，这场"水下婚典"只有短短半小时到一小时，是为了在高密度的时空中实现安全系数和受精概率的最大化。那些逃过危险又找到伴侣的卵子将变成浮浪幼虫开始新生，而错过这个窗口时间的"剩女"只能沦为其他捕食者的腹中餐了。

根据胚胎解剖和实践经验，黄晖团队基本已经能预报珊瑚排卵的时间，但仍然怕有误差。为了准时出席这场"相亲大赶集"，他们连续多日在水下蹲守。获取充足的珊瑚受精卵，这是后续工作的前提和关键。

人造环境中的珊瑚苗圃，档案齐全，品类众多，色泽鲜艳，长势苗壮。待到这些小火苗般的珊瑚投放海底，冀望它们可以燎原。像设计公园和景点一样设计出海底仙境，这不是幻想，黄晖团队已经绘好蓝图，让人造珊瑚礁巧夺天工。

悠悠万古的珊瑚礁，初露头角的青年人，南海的明镜里，几曾映照出这样美丽的播种和耕耘！珊瑚礁生长很慢，最快的鹿角珊瑚 1 年大约能长 10 厘米。也许一代人都看不到大功告成，但后世子孙将会收到我们最宝贵的礼物和最深情的祝福。

> 百次出航向波涛追寻，
> 千回下潜伴日月升沉。
> 拥抱自然，礼赞生命，
> 报效祖国，造福人民。
> 让心血在礁盘开花，
> 让智慧在海底扎根。
> 男儿女儿献青春，
> 守护南海珊瑚林。
> 祖先留给我们，
> 我们留给子孙。

《守护南海珊瑚林》
主题歌视频二维码

（本文选载时有删节）

我是紫薇，但不是格格

韩静华①

提及紫薇，大家第一反应恐怕是林心如饰演的紫薇格格，我们今天要说的可不是《还珠格格》里的夏紫薇，而是我国的一种传统名花。紫薇和木槿都是夏季不畏酷暑，在炎炎烈日下开得格外灿烂的植物。《还珠格格》里的紫薇姓夏，紫薇花也喜欢夏天，不知道这是巧合还是小说作者也知道紫薇花是夏天的宠儿。

紫薇原产我国，几个世纪以来被引种到世界各地，是一种适应性强的长寿树种。虽然名叫紫薇，但除了紫色花外，还有红色和白色也比较常见。紫薇还有多个有意思的别名，都形象地展现了它的特性。

第一个别名：百日红。紫薇开花时正当夏秋少花季节，从 6 月开始可开至 9 月，花期很长，故又名"百日

---

① 韩静华，北京林业大学艺术设计学院教授，硕士生导师。

红"。唐代诗人白居易称其"独占芳菲当夏景，不将颜色托春风"，宋代诗人杨万里赞扬紫薇是"谁道花无百日红，紫薇长放半年花"。

紫薇花

（唐）杜牧

晓迎秋露一枝新，不占园中最上春。

桃李无言又何在，向风偏笑艳阳人。

杜牧的这首《紫薇花》被认为是写紫薇诗中之最，为杜牧赢得了"杜紫薇"的雅称。"桃李无言，下自成蹊"出自司马迁《史记·李将军列传》，杜牧在这首诗中用此典故，却一反其念，桃李虽然谦逊，但是它们和百花只在春日里绽放，以桃花李花来反衬紫薇开花时间之长。诗人虽写紫薇但在诗中却只字不提紫薇，描写紫薇不与群花争春，淡雅高洁的风骨和一枝独秀的品格。后世往往认为作者用这首诗"咏物抒情，借花自喻"，表达自己的忠君报国之情，以及不趋炎附势、高洁自守的风骨。

第二个别名：痒痒花。很难想象，紫薇这么高雅之花也有这么接地气的名字，紫薇真的怕痒吗？经过我的多次测试，它真的很怕痒。用手指轻轻地挠紫薇树干，所有花枝就会颤动不已，犹如人怕痒状，十分有趣。大家也去试试吧。

紫薇为什么会"怕痒"，一种普遍接受的解释是紫薇树干上下粗细差别不大，植株的上半部分还有许多分枝和绿叶探向各处，相对那些上细下粗较为明显的乔灌木来说，紫薇更显得头重脚轻，更容易对小的晃动产生反应。

第三个别名：无皮树。树活一张皮，紫薇难道可以无皮而活吗？其实不然。紫薇也是有树皮的，只是它的树皮薄而平滑，又易脱落，露出的新皮特别光滑，加之颜色是土黄色和灰绿色相间，又比一般树皮的深灰色或褐色浅很多，所以容易被误认为没有树皮。一般的树木都是年头越长树皮越粗糙，紫薇却恰恰相反，年头越长树皮反而越光滑。

第四个别名：官样花。

直中书省

（唐）白居易

丝纶阁下文章静，钟鼓楼中刻漏长。

独坐黄昏谁是伴，紫薇花对紫微郎。

我们刚刚知道了紫薇花和紫薇格格的关系，现在又冒出一个紫微郎，咋回事呢？古代将紫微星（即北极星）称为"帝星"，紫薇与帝星"紫微"音同字近，使紫薇在唐代成为"皇权威仪"的象征，遍植于皇宫、官邸之中，韩偓有诗云："职在内庭官阙下，厅前皆种紫薇花。"唐开元元年（713年），改"中书省"曰"紫微省"，"中书令"为"紫微令"。白居易为中书侍郎，故自称为"紫微郎"。诗中除了写诗人盛夏黄昏的孤寂，还透露出了他仕途得意的心情。杜牧曾任中书舍人，因此他又有"紫薇舍人杜紫薇"之称。

由于紫薇具有上述与众不同的贵气，所以又被称为"官样花"。南宋诗人陆游曾写道："钟鼓楼前官样花，谁令流落到天涯。"

想不到现在寻常可见的紫薇原来是大有来历的，下次见到它的时候你会想起什么呢？

第四辑　生活解码

冰雪盛会

赵致真

　　比起赤日炎炎、热力四射的夏季奥运会，冰天雪地、银装素裹的冬季奥运会别有一番韵致和风光。这里是洁白如玉的征途，晶莹如镜的赛场，"断桥危立"的跳台，陡峻盘曲的滑道。脚踩冰刀和滑雪板的健儿们驰骋如风、将飞欲翔；驾驭雪橇的勇敢者则创造了陆地极限速度，被誉为"冰上一级方程式"。1908 年伦敦奥运会便首次设立了花样滑冰项目，但早期奥运会"夏行冬令"的确勉为其难。1924 年巴黎奥运会将冰雪项目的比赛提前半年在夏蒙尼举行并称之为"第八届奥林匹亚国际体育周"，此后被国际奥委会追认为第一届冬季奥运会。当"白色奥运"从"附庸地位"到另立门户，五环旗交替飘扬在地球上寒暑分明的两个季节时，奥运会就更加色彩绚烂和充实完整了。

要说冬奥会是一种"水上运动"也不为错，因为冰雪本来是固态的水。尽管地球表面71%被水覆盖，并且有2%的水体以冰的形式存在。我们对于水和冰的认识却仍然相当肤浅，包括人在冰雪上运动的复杂力学关系。

　　2007年11月9日，加拿大选手沃瑟斯庞在美国盐湖城以34秒03的成绩创造了500米速滑世界纪录，平均速度达到每秒14.69米。而牙买加选手鲍威尔2007年9月9日创造的男子百米短跑世界纪录为9秒74，平均每秒10.27米。可以说，滑冰是人类靠着双脚在地球表面上移动的最快方式。

　　关于滑冰的记载可以追溯到4000多年前的斯堪的纳维亚半岛。将鹿和牛的胫骨、肋骨绑在脚上，这就是冰鞋最早的雏形。1250年，镶嵌在木板上的铁制冰刀在荷兰出现。而1572年苏格兰人发明的第一双全铁冰刀则是现代冰刀诞生的标志。

　　为什么冰刀不能在水泥、玻璃、钢板上滑行，却能在冰面上翔舞自

如、"游刃有余"呢？许多文章和教科书已经告诉我们，首先由于冰刀的压力使冰的熔点降低，同时由于摩擦生热，导致接触点的冰迅速融化，于是产生了一层薄薄的水膜，在冰刀和冰面间起润滑作用。也有不少科学家始终质疑这一解释，认为仅凭冰刀的压力和运动的摩擦远不足以使冰面融化。近年来的研究已经证实，冰即使在环境温度远远低于熔点的情况下，表面也会形成厚度由几个水分子到几千个水分子构成的液态层，这是因为冰层内的每个水分子都被上下左右其他相邻分子所"固定"，而表面水分子则只能与下层分子连接，垂直振动速度更快，于是失去稳定的晶体结构，即使在远远低于熔点的温度下也会表现为"半液体"状态。这一发现的

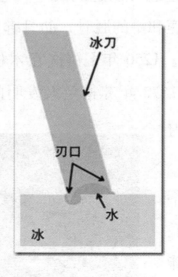

冰刀在冰面上滑行示意图

重大意义在于，冰的"光滑"主要是自身的天然属性，而不是来自外力的作用。

滑冰无疑是最舒展流畅、轻盈灵巧的运动，身体蹲屈，两腿交替，蹬冰、收腿、下刀、滑进，运动员流星般掠过冰面，身后留下美丽的弧线。滑行时我们追求最小的阻力，但蹬冰获得动力时，又需要有最大的阻力。因此身体重心所在脚的冰刀长轴必须与前进方向一致，蹬冰脚的用力方向却要与冰刀长轴垂直，靠锋利的刀刃切入冰层去"啃冰"。和菜刀的刀刃大相径庭，冰刀的刀刃是一个拱形的凹槽。中长距离速滑冰刀要保持较好的直线性，因此刀身较长；短道速滑冰刀的刀身相对较短并较高，以便于在弯道上弧线前进和倾斜度很大时冰鞋不会接触冰面。而冰球运动员左奔右突，花样滑冰运动员翻腾跳跃，对灵活多变的要求胜过对直线速度的要求，因此冰刀的刀身短、刀刃利、刀槽深，前端一排"锯齿"能够更好控制急转骤停。

皑皑白雪从来是诗人画家灵感和巧思的源泉，也是冬季奥运会高洁而素雅的底色。而滑雪板则是运动员必不可少的基本装备。人在双脚站立时，对地面的压强约15000帕，行走在积雪没胫的原野上，每一脚都要把松软的雪压实，因此会消耗许多能量而"举步维艰"。滑雪板将踩雪面积增加了 20 倍，脚对雪的压强也减少到原来的二十分之一，人便被这双"大脚板"托在雪的表面上而能够"畅行无阻"了。

雪的表面也许是地球上最神奇的表面之一，固态、液态、气态的水在这里同时并存相互作用，形成复杂的物理特性。滑雪运动可以看成人—板系统重心转动和曲线运动的合成。高山滑雪是重力势能转化为动能的直接演示，体重大的运动员单位体重受到的空气阻力更小，因此会滑得更快。大、小回转时不仅靠手中的雪杖像船篙一般改变行进方向，更要靠身体倾斜让滑雪板底面和雪面形成一个夹角。高速滑行的边刃"刻"入雪地后，"侧面切削"的横向摩擦力和滑雪板边缘相垂直，提供了人体曲线运动的向心力。新型的滑雪板头尾较宽，腰部较细，形如"沙漏"，施力后会形成一定弧度"引导"转弯。滑雪板越短，"板腰"越窄，转动半径就越小，没有弯曲变形的滑雪板是无法转弯的。现代滑雪板能在运动员跌倒后自动脱扣以策安全。而为了减小摩擦和保护滑雪板，"打蜡"从来是运动员必须掌握的重要技巧。

1932 年 2 月普莱西德湖冬奥会的最大危机来自气候的反常，骤然升高的温度导致赛场冰雪消融，不少项目只能勉为其难在溏薄的残雪中进行，让运动员摔得鼻青脸肿。1964年因斯布鲁克冬奥会"万事俱备，只欠降雪"，在58年未遇的暖冬中，奥地利紧急动用军队从山顶运来2万立方米积雪救场。但开幕式前赛场又遭降雨破坏，一名奥地利滑雪运动员和一名英国雪橇运动员在训练中丧生。可见冬奥会成败的关键是"与天气合作"。到了1988年卡尔加里冬奥会，摄氏18度的熏风吹化了满场冰雪，致使赛程拖延了16天并搁置了不少项目。但多亏强大的人工造雪机支撑危局，使高山滑雪等能够继续进行。打从1980年普莱西德湖首次使用人工造雪，冬奥会已经开始改变完全"靠天吃饭"的宿命了。

大气中的水在0摄氏度下能以微小尘埃为凝聚核，结晶成六角轮廓、形态对称的美丽雪花。人工造雪便是对大自然降雪机制的粗略模拟，将水进行充分雾化后，通过高压泵和排风扇喷射到寒冷的空气中，让这些细小的水滴迅速结晶。科学家用细菌发酵生成的一种亲水蛋白作为理想的凝聚核添加到水中，不但能使水雾更快、更完全"落地成雪"，还能使结晶温度上升2至3摄氏度。早期雪炮喷射出来的"雪"其实是微小的冰粒，随着科学技术的发展，人工造雪已经越来越接近于自然界的雪花了。

奥运会对人工造冰技术的应用要早得多。1908年伦敦奥运会花样滑冰便在人工冰场举行。1988年卡尔加里冬奥会首次建造了全封闭的室内速滑体育馆。各式各样的人工冰场在当今世界已经随处可见。人工冰场的制冷原理和家用电冰箱大同小异。我们不妨把人工冰场看成一个敞开的、摊平的、放大的电冰箱。至于那些"横空出世"的雪橇滑道，也可以视为拉长、卷曲、弯环、陡峻的人工冰场。

最令人叹服的景观要数阿联酋名城迪拜的超级室内滑雪场了。这个气温高达60摄氏度的火炉国家从来与冰雪无缘，如今却拥有了相当于三个足球场大小的"冰雪世界"，供千余人同时滑冰滑雪。"一片冰心"的设计者靠着高科技手段造就了炽热沙漠中的"阿尔卑斯"。

也许我们总有一天能建造更多"环球同此凉热"的人工冰雪场，但作为奥运会的"半边天"，冬奥会大概永远只会在地球高纬度地区的冬季举行。我们的行星因为四季轮回而美丽可爱，冬奥会也是人类在倾诉对大自然的欣赏与感激。

《冰雪盛会》
视频二维码

（本文选载时有删节）

大数据能胜过人的经验吗?

程萍①

从"大数据识人断事能胜过经验吗?"到"人工智能模仿人脑的能力是否能超越人脑?"

几千年的人类文明,以满足人的好奇、探索和解开人类的未知为发展的核心动力,"未来"总是以人们向往的美好前景作为化身被人们所接受、理解和期盼。在这样的语境和文化中,人们不懈地憧憬着美好的未来,寻找着最接近自己心中"未来"的那个结果,在生生不息的追求和探索中,对未来的预测从神话发展为今天的科学和学科体系。现代未来学的诞生,是人类不断认知的结果,也是人类几千年追索的必然,虽然它是现代科学中最年轻的分支之一,但它的孕育过程却是源远流

---

① 程萍,中共中央党校(国家行政学院)教授、博士生导师,中国未来研究会一带一路专业委员会会长。

长、主脉清晰。对未来的预测与研究，仍然是未来学能够独立存在和发展的根本和重点。沿着这一源流，现阶段广义的未来学也被称作"未来预测学"或"预测学"。

未来学真的能够预测未来吗？1943 年，德国学者弗莱希泰姆在美国首先提出未来学概念，在此后的 70 余年中，未来学分化为理论未来学和应用未来学。理论未来学着重于分析、比较、归纳、整理、综合各种预测结果或对未来的研究成果，应用未来学侧重于为特定的规划、计划、管理、决策、发展战略等工作提供依据的未来研究或未来预测。信息论、控制论、协同论等成为当代未来学的基本理论，研究方法大多来自其他学科领域，其中一小部分是由未来学专家创造的。较为常用的方法包括：德尔斐法、形态分析法、类推法、关联树法、交互影响矩阵分析、时向序列分析、指数平滑法、自回归—移动平均法、回归分析、系统动态分析、脚本法、编制连续图像、网络分析、历史类比等 20 余种。

人们将远古时代预知祸福或者失败与胜利的初始愿望变成了越来越复杂的数字计算游戏，随着计算机科学和技术的发展，通过计算获得精确预测结果的日子在不知不觉中来到我们面前，人们最熟悉的天气预报，便是对气象大数据分析后得出的预测结果，准确率越来越高。在各个领域，通过计算机集成和运算的大数据产生的智能化结果，一个个呈现在人们的面前：智能机器人阿尔法狗横扫人类的围棋大师；机器人索菲亚获得了沙特公民身份，代表沙特政府参加了由西班牙举办的世界移动通信大会；令研究人员深感惊恐的是，脸书（Facebook）公司的机器人鲍勃和爱丽丝在参加试验项目时产生了不同于人类的对话，工作人员慌忙切断了电源。

大数据与传统数据的核心差异在于其价值的不可估量。传统数据的价值体现在信息传递与表征上，是对现象的描述与反馈，而大数据是对现象发生过程的全记录。通过数据不仅能够了解对象，还能分析对象，掌握对象运作的规律，挖掘对象内部的结构与特点，甚至能了解对象自己都不知道的信息。大数据的特殊价值在于它的可挖掘性，同样的一堆数据，不同的人能得到不同层次的东西。就好像同样见到一个人，有些人只看到他的外貌好不好看，有些人能从他的表情中读出他的心理活动，从眼神中看出阅历，从衣着打扮中读出品味，从鞋子上读出生活习惯。

"识人断事"说的是人们对人的品行的认识和对事情真伪的鉴别、判断和预测，是人的思维结果。"识人断事"的正确性和准确率，是对人的智慧水平的检验，是建立在人对知识的获取与掌握、经验的积累与提取、信息的梳理与分析等一系列深度思维基础上的。人类的智慧是如何形成的？就生物性的个人而言，初生婴儿并不具有智慧。当婴儿睁开眼睛看到这个世界，听到世界发出的各种声音，触摸到各种物体表面不同的质感，感受这个世界所给予的一切感官能够感受到的信息时，知识和经验飞速增长。人们接受到的所有信息转化为知识和经验，在大脑中相互渗透和激发，产生联想，带来了智慧。

综合了数据采集、存储、管理、分析、挖掘、可视化等信息技术及其图像识别、学习和语言处理技术等集成的大数据，基于对海量信息资料的挖掘和分析，辅之以中央处理器的飞速计算技术，使得今天的智能机器人的学习和联想能力，将已有知识和经验转化为联想的能力都得到迅速提升，对人类的智慧与能力形成挑战。比如绘画机器人、书法机器人、写诗机器人、唱歌机器人。连诗歌这样表现人类情感的复杂思维所产生的非逻辑语言都可以写作的智能机器人，对于完成建立在大数据分析基础上、具有普遍性、逻辑性特点的"识人断事"的任务，似乎只在掌股之间。美国哈佛大学肯尼迪学院教授希拉·贾萨诺夫在《发明的伦理》一书中写道:"高级的计算机技术也可以应用于从数据环境中所获得的公共数据,暴露一些人们不希望公开的个人特征。"比如,剑桥大学对 58000 名志愿者进行了一项研究,并发表在著名的《美国国家科学院院刊》上,研究显示,通过对他们在脸书网上的爱好进行数学分析,可以正确地区分出"95% 的非裔美国人和白种美国人,85% 的民主党派和共和党派,以及 82% 的基督教徒和穆斯林教徒"。

大数据用于商业销售预测的成功,从亚马逊的实践中可见一斑。亚马逊不仅从每个用户的购买行为中获得购买信息,还将每个用户在其网站上的所有行为都记录下来:页面停留时间、用户是否查看评论、每个搜索的关键词、浏览的商品,等等。这种对数据价值的高度敏感和重视,以及强大的数据挖掘能力,使得亚马逊可以准确地掌握顾客的喜好,精准地推荐合适的商品。特别是在通过历史数据预测用户未来需求方面,对于书籍、手机、家电这类产品的推送预测是相当准确的,甚至可以预测到客户对相关产品属性的需求。在淘宝网上买过东西的客户都有体验,你只要买过某种商品,类似的商品便会被不断地推送给你。2018 年,"大数据杀熟"成为网络流行语。一项调查显示，51.3%的受访者遇到过互联网企业利用大数据"杀熟"的情况。"大数据""人工智能"等技术可能对经济增长带来的推动作用，将其推上经济发展新动力的高位，不断刺激人类进行深入探索和研发的欲望。埃森哲公司研究了人工智能在12个发达经济体中所产生的影响，提出了通过改变工作本质，创建人与机器之间的新型关系的观点和预测：人工智能可将劳动生产率提高40%，使人们能更有效地利用时间。到2035年，人工智能将使年度经济增长率提高一倍。

所有这一切，已经不仅仅是"大数据识人断事能胜过经验吗"这个层次的问题了，"大数据"对人类活动的引领和控制作用，将渗透到人类生产和生活的每一个角落。这些已经发生和正在发生的现实在为"大数据""识人断事"将胜过经验提供佐证的同时提醒人们，在充分利用大数据分析预测功能实现某种目的的时候，不仅要注意它的正向预测结果，也要关注它可能带给人们的烦恼甚至忧虑。著名未来学家雷·库兹韦尔的著作《奇点临近》中最广为人知的理念，即未来某一时刻，超级智能机器将会超越、改变人类，而他在1990年出版的《智能机器的时代》一书中，成功地预言了电脑将在 1998 年战胜棋王。计算机科学家、发明家埃米尔·侯赛因，在《终极智能》一书中介绍了人们如何生活在即将到来的感知机器和人工智能时代——不仅生存，而且茁壮成长。未来，我们将和智能机器人共生于一个地球，我们做好准备了吗？波音公司首席技术官格雷格·希斯洛普博士曾经这样说："侯赛因让我们为更光明的未来做准备，不是夸大是非，而是对风险和潜力进行严肃的讨论。"

在人类还没有来得及很好地品味"大数据""智能化"等词汇及概念带来的惊喜之时，美国科幻片《终结者》中智能机器人试图奴役人类甚至屠杀人类的故事，使人们对人工智能欢呼的声浪开始减弱，人类冷静下来，在对"大数据""智能化""机器人"等概念及成果的广泛使用产生期待的同时，也开始产生忧虑，对风险及其防范的思考，冲淡了自远古以来人类对未来预测的渴望。"大数据识人断事能胜过经验吗？"这一问题的答案几乎是肯定的。人工智能模仿人脑的能力是否能超越人脑？对这一更深层次问题的回答，争论日益激烈。《未来简史》中"如果一切都是算法，机器人将奴役人类"的预言尚未远去，刘慈欣《三体》中对黑暗森林时代的描绘，又为我们敲响了风险的警钟。

无论对"大数据""人工智能"等技术发展利弊争论的焦点如何，面对人工智能技术越来越复杂并且越来越"类人化"的现实，人类建立起基本的共识：技术的发展以不伤害人的生命为底线。著名科幻作家艾萨克·阿西莫夫的"基地系列""银河帝国三部曲"和"机器人系列"三大系列被誉为"科幻圣经"，在创作这些巨作的过程中，阿西莫夫将人和机器人关系的思考逐步深入，提出智能机器人研发的三法则：机器人不得伤害人类，或坐视人类受到伤害；除非违背第一法则，机器人必须服从人类的命令；在不违背第一及第二法则下，机器人必须保护自己。但是，阿西莫夫的机器人三法则，真的能锁死机器人的文明吗？

印象派的点彩法和梵高的向日葵

张文虎[1]

梵高出生于荷兰赞德特镇，他当过画店员，也当过传教士，24岁那年（1880年），他克服重重困难学习绘画，最终成为一个著名画家，他的绘画作品对绘画史产生了深刻的影响。《向日葵》是梵高在1889年1月创作的，花瓶里有十五支向日葵，这幅画表达了梵高对一位知己的思念，现藏于荷兰梵高博物馆。

西方绘画史上印象派绘画是有划时代意义的艺

《向日葵》，收藏于荷兰梵高博物馆

---

① 张文虎，化学工业出版社副总编辑，《科普时报》专栏作者。

术流派，这个流派中的点彩画派不用轮廓线来构图，而是运用色彩理论，用科学化的描写法表达光的效果，即运用色彩合成理论，分割法作画。画家们在画面上使用纯色，不预先调色，这样混合色会在鉴赏者眼中自然形成。其代表作是修拉于 1884—1886 年创作的《大碗岛星期天的下午》。

《大碗岛星期天的下午》，收藏于美国芝加哥艺术学院

17 世纪，大科学家牛顿做了一个实验，他让太阳光通过三棱镜后，经过棱镜面 2 次折射，可以在对面墙上看到红、橙、黄、绿、蓝、靛、紫 7 种单色光，依次排列成光谱。他因此得出一个重要的科学结论：白光可以分解成 7 种不同的单色光，也就是说白光是不同的单色光复合而成的，不同单色光有不同的折射率，折射率

不同才能导致单色光分离。

根据这个原理，新印象派艺术家使用 7 种原色颜料，用原色小点排列作画，利用人眼自然进行色彩混合，把调色的工作直接借助于视觉来完成。例如：粉色是用白和红色按比例调成的，但如果把白色点和红色点按一定规则排列，不预先混合，一眼看过去，仍有粉色的感觉。

因此，印象派追求瞬息即逝的光色效果，强调偶然性，贬低必然性。受照相技术和东方水墨画影响的后印象派与之产生了本质的区别，他们借客体用色彩表现自己的主观情绪，客观物体的原来色彩没有那么重要。

梵高是后印象派的杰出代表，他认为，真正的画家不是画出物体的实况，而是要画出自己的感受。偏差和错位对梵高来说就是重新塑造和改变现实，而且显得更加真实。《向日葵》《星夜》《鸢尾花》《有乌鸦的麦田》都是梵高的传世作品，反映了他当时真实的精神世界。

梵高将不同心情的自己比拟为《向日葵》中的不同色彩的花姿。向日葵色彩金黄，好像在燃烧，充满了生和爱的欲望。这幅画作于法国充满阳光的南部，梵高运用了几十种对比强烈的黄色，可谓黄色狂舞。他怀着强烈的冲动，追逐着猛烈的阳光，旋转不停的笔触是那样的和谐、优雅和细腻。此刻的向日葵是生命和生活的全部，也包含了成熟和凋亡。

《向日葵》犹如梵高的化身，它由绚丽的黄色色系组合。但是，据博物馆的科学家测定，这些黄色正在变化，变得越来越暗，因为它们是光感颜料。因此，收藏梵高作品最多的阿姆斯特丹博物馆已经降低了馆内的照明强度。热爱梵高的荷兰人正想尽一切办法保护这些作品。

古蜀国的太阳神鸟延展在金箔上

在后羿射日的神话中，后羿射中九个太阳，留下了一个，太阳化为黑色的三足乌鸦纷纷落下。因此金乌就是太阳。志怪古籍《山海经》也讲到"金乌负日"的动人情景。相传远古时代，在大荒之中，有一个山谷，山谷里有一棵好大的扶桑树，鸟儿在这里歇息。只见一只大鸟背负太阳回到山谷，落在树上，另一只鸟就准备飞升上去。鸟儿轮流飞升和落降，就有了白天和晚上。

2001 年 2 月，金沙遗址被发现，现存于成都金沙遗址博物馆的太阳神鸟金饰就是在这里发现的。金沙遗址不但复活了古蜀国的历史，也再现了古蜀国的文化信仰，揭示了三千年前古蜀人生活的点点滴滴。美轮美奂的金器、神秘肃穆的铜人、色彩绚丽的玉器表达了天府之国海纳百川、包容开放的胸怀和独到的视野，这种文化还在华夏大地延续和发展着。

太阳神鸟金饰外径 12.5 厘米，内径 5.29 厘米，厚度 0.02 厘米，重量 20 克。这件金器的大小相当于饭碗的碗口，器身极薄。鸟和太阳已经成为的图腾标志，演变为神鸟和光芒，采用镂空方式表现。太阳是十二条齿状光芒，顺时针旋转，四只神鸟首足相接，逆时针飞行。

太阳神鸟金饰犹如一幅剪纸，线条流畅，韵律十足，动感强劲，极富想象，可见古人对太阳及鸟的强烈崇拜，表达了古蜀人对生命的讴歌。这也传承着"金乌负日"神话传说的精神，四只神鸟围绕着旋转的太阳飞翔，周而复始，循环往复，生生不息。

根据科学测量，太阳神鸟金饰的含金量高达94.2%，是用自然砂金进行热锻、锤揲、剪切和镂空等工艺加工而成。当你贴近金箔，仔细观察时，你会发现，金箔上留存了一些反复刻划的痕迹，这是由于当时的加工工具不够锋利造成的。

古法制金箔是先将金提纯，再经过热锻成型，敲打成为小面积的金叶，然后一张隔一张夹在装订成册的乌金纸里，再经手工锤揲，使金叶成箔，面积相当于小面积金叶的几十倍。

太阳神鸟很薄，相当于硬币厚度的十分之一，但这不是最薄的。锤揲技术和金的延展性可以让金箔达到我们无法想象的厚度。一两黄金，压成金箔可覆盖两个篮球场，接近万分之一毫米。

什么是金的延展性呢？金属有延展性，是指金属在拉伸应力的作用下可以抽成细丝。例如最细的白金丝直径不过 1/5000mm。金属有展性，是指金属在压缩应力的作用下可以压成薄片。最薄的金箔不过 0.91/10000mm 厚。延性好同时展性好的金属是金。有人报道 28 克金延展至 65 公里长。延展性比较差的金属是锡，常温下一拉就断，就别说拉成细丝了。

延展性还和温度有关系。比如，金属锡在常温下富有延展性。特别是在 100℃ 时，它的延展性非常好，可以延展成极薄的锡箔。国际航班上提供的餐盒内包装有的就是锡箔。如果温度下降到零下 13.2℃，它会逐渐变成松散的粉末。1912 年，一支南极探险队去南极探险，所用的汽油桶都是用锡焊的，在南极的冰天雪地之中，焊锡变成粉末般的灰锡，汽油就都漏光了。

既然和金属种类有关，也和温度有关，所以延展性和金属本质有关联，即和原子半径和电子相关。金的原子半径相对较大，价电子数目相对少，容易形成自由电子，整体受外力时，不容易断裂。活泼金属的延展性往往很差，不活泼的金属延展性往往很好。如金、铂、铜、银、钨、铝都富于延展性，锑、铋、锰等延展性很差。延展性最差的要数金属汞了，因为它在常态下为液态。

延展性好意味着柔性好，可惜金属不够透明，不然的话我们现在的柔性手机就可以用金属显示屏了。美籍华裔教授邓青云 1979 年在实验室中发现有机发光二极管（OLED），实现了显示技术的突破。因为 OLED 显示具有自发光、广视角、低耗电、高反应等优点，一些具有创新精神的科学家将这一技术用于手机柔性屏的实现。柔性显示器按照基板，OLED 器件，滤光片阵列，触摸膜的顺序形成，基板可为柔性材料。因为主材料上部和下部不对称，因此还需要很多技术来解决拉伸和光亮等问题。整个面板的厚度很薄，但比最薄的金箔要厚。

2005年8月，国家文物局正式公布采用成都金沙"四鸟绕日"金饰图案为中国文化遗产标志。专家的推荐理由是：构图严谨、线条流畅、极富美感，是我国先民自然宇宙观、非凡创造力和精湛工艺的完美结合。

永久鲜艳的古埃及壁画

电影《十诫》开场不久，尼罗河岸边阔叶香蒲草丛中，一位母亲和她的女儿在河中推着一只蒲草箱缓缓前行。一声清脆啼哭声从草箱中传了出来，母女二人停住了脚步。母亲打开箱盖，深情地吻了吻箱子里的孩子，然后抬起头，向苍天祈祷："亚伯拉罕的上帝把我的孩子领走吧，他会终身侍奉于您。"用力将箱子推了出去。

蒲草箱漂浮在河面上，缓缓地顺流而下。孩子的姐姐在芦苇中循迹穿行，眼睛紧盯漂流的箱子。箱子最后

漂到了尼罗河上的皇家浴场，法老的公主最后收留了这个希伯来人的男孩，起名叫摩西。这个孩子就是犹他教的先知，他幼年逃脱埃及法老对希伯来男婴清除令，后来又带领希伯来人离开了埃及。

电影中的摩西是法老塞提一世姐姐的儿子，收养的秘密只有一个女仆知道。法老之子拉美西斯二世与摩西年龄相仿，因为担心法老可能将王位传给功勋卓著的摩西，因此处处与摩西作对。最后因为摩西杀死一位虐待希伯来人的埃及人，终被流放，一直倾心于摩西的奈菲尔塔利也被拉美西斯二世夺走。

电影中的故事多为虚构。现实中的拉美西斯二世是一个多情的法老，奈菲尔塔利 13 岁时就嫁给了 15 岁的他，那时他还没有继承王位。拉美西斯二世一生钟爱奈菲尔塔利，不但给她留下了千古诗句，宏伟壮丽的寺庙，还给她留下几千年来被认为是最为宏伟、美丽而生动的壁画。

奈菲尔塔利死于 3200 年前，她的墓穴位于埃及王后谷，由前厅、侧室、过道、黄金大厅、天花板、立柱组成，约有 5200 平方英尺的壁画，其中三分之一有损坏。占满所有空间的壁画描绘了奈菲尔塔利死后的故事。《亡灵书》片段，深蓝色天顶，闪亮的繁星，护墓精灵、勾边的大眼睛，红润的脸颊，弯弯的眉毛，斑斓的头巾，白色的鸟儿，供奉食品的牛，游戏棋盘，女王的咒语，来世的仪式，神祇的引领……所有这些都是壮丽壁画的元素。有些画作还充满了红色、蓝色、黄色和绿色的线条及色块，仿佛就像参观一个刚刚完成的画作，描绘了一幅幅日常的生活场景，充满温馨和惬意，让人感觉来世也是如此美好。

古埃及壁画的这种魔力，不仅归功于古埃及先民的宗教观念，也归功于正面律构图的绘画原则，同时也归功于画师们接近生活的叙事功底。但是，没有栩栩如生的色彩，一切将归于沉寂。古王朝的埃及人认为颜色是人和物不可分割的组成部分，具有相同颜色的物体具有相同的性质，纯净的颜色共有 6 种：黑与白、蓝与绿、黄与红。

黑色名称来源于尼罗河洪水淹没后的黑土地，寓意为繁衍和新生。黑色也被用来作为头发颜色，用来绘画来自努比亚等地的有色人种。白色代表纯洁和神圣，神圣的物件、祭司的鞋和神圣的动物常被描绘为白色。

蓝色代表天空、神权和水。蓝色用于描绘神的头发和阿蒙神的脸。绿色代表植物的颜色，代表新的生活。绿色的象形文字是纸莎草茎叶。绿色也是荷鲁斯眼睛的颜色，代表欢乐。

黄色代表完美，是太阳升起后的颜色。黄色也用于妇女的皮肤，她们来自地中海边的叙利亚、贝都因、赫梯、利比亚等地。红色代表着混沌，来自沙漠的颜色，也代表死亡，有时也被视为生命和保护，在护身符中广泛使用。

通过现代科学分析，特别是 X 射线技术的应用，我们可以发现，古埃及的绘画大都使用无机矿物，它们大部分也是金属氧化物。我们终于明白，古埃及绚丽多彩的壁画为什么历经几千年而不褪色，主要是得益于非常稳定的无机物或金属氧化物。

古埃及的黑色颜料主要是石墨或炭黑，其来源广泛，且不需要人工加工。白色颜料的主要成分是碳酸钙、碳酸镁或碳酸钙镁石。

蓝色也称埃及蓝，它是古埃及人民的重要发明，其主要成分由石英、石灰、铜化合物（通常是氧化铜、碳酸铜等天然铜矿物）以及碱组成，经过近千度加热和熔融，冷却成为玻璃态，可经研磨成细粉加以使用。绿色颜料是出现得最早的颜料之一，使用拉曼光谱分析，其主要成分是孔雀石或蓝铜矿，两者都是氧化铜和氢氧化铜的复合物。

黄色颜料主要成分是针铁矿。雌黄（三硫化二砷）也是重要的黄色颜料。红色的主要成分是赤铁矿和石英。估计石英是因为研磨颜料的过程中需要加入沙子才能充分研磨。红色颜料比较特殊，科学分析发现，颜料中还有羰基、亚甲基等有机物的存在痕迹，这可能是因为古埃及人使用松香的习惯。松香具有较强的黏性，有助于将颜料涂在棺木上。

活着的时候，奈菲尔塔利就被拉美西斯二世宠爱。"我对你的爱是独一无二的，因为你是世界上最美丽的，没有人能够相比。当你轻轻走过我的身旁，你也带走了我的心。"死后三千多年，奈菲尔塔利一直被斑斓色彩所包围，其中有厚重的黑色、圣洁的白色、高贵的蓝色、成长的绿色、美丽的黄色还有流动的红色，它们或环绕、或点缀，或陪伴、或牵手。

这些壁画似乎表达了拉美西斯二世和奈菲尔塔利海枯石烂的爱情，却隐藏了古埃及先民的智慧，此刻，你是否想去见证一下呢？2006年开始，奈菲尔塔利墓再次开放，为了保护墓中壁画，一天只允许几十人参观，而且需要购买昂贵的许可证。盖蒂保护研究所负责定期监测奈菲尔塔利墓。

灵机一动是哪儿在"动"?

王明宇①

灵机一动，汉语成语，出自清代文康《儿女英雄传》第四回："俄延了半晌，忽然灵机一动，心中悟将过来。"意思是急忙中转了一下念头，多指临时想出了一个好办法。近义词有豁然开朗、随机应变、心血来潮。

灵机一动是哪儿在"动"?

脑是人体一切行为活动的"司令部"，当我们绞尽脑汁或者灵机一动的时候，主要是大脑皮层的额叶在活动。

① 王明宇，山西医科大学第一医院神经外科医生，中国医师协会健康传播工作委员会委员，中国科普作家协会医学科普创作专委会青年学组委员，全国健康传播优秀宣传工作者。

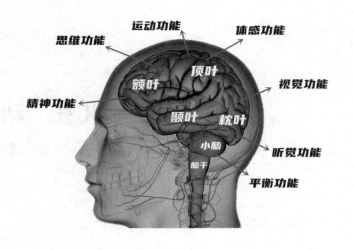

运动功能　体感功能　思维功能　顶叶　视觉功能　额叶　精神功能　颞叶　枕叶　小脑　听觉功能　脑干　平衡功能

人脑主要脑区分布和对应功能，图为作者绘制。

　　大脑表面根据功能不同可分为 4 个脑叶：额叶、顶叶、颞叶、枕叶。同样的 4 个脑叶对称分布在人脑的左右半球上（也就是我们常说的左、右脑）。额叶主管思维、认知、情绪和行为；顶叶主管躯体感觉、语言和理解能力；颞叶主管听觉、记忆和情感；枕叶主管视觉。相同的脑叶在左右半球的分工又有不同，左半球以言语机能为主，在逻辑推理、数学计算等方面也起着主要作用，因此左脑被称作"意识脑""学术脑"或"语言脑"。右半球以空间图像、知觉机能为主，在音乐和艺术能力等方面起着特殊作用。因此右脑被称作"创造脑""音乐脑"或"艺术脑"。大部分右利手的人优势半球在左侧，但这种分工不是绝对的。

大脑额叶成就人类

大脑额叶是人类区别于其他物种的关键，其进化程度远超过大猩猩等额叶同样发达的生物。

额叶功能涉及规划复杂的认知行为、个性表达、决策和调节社会行为等。其核心在于预测能力：不同生物的预测能力强度，就是生存能力强度的体现。预测能力强的物种，更容易在变幻莫测的环境中生存下来，而这也是进化的真正含义。

古代人类就开始预测四季，研究出节气，从捕猎时代进化到农耕时代，解放了大量劳动力。看得越远越容易活下来，越容易在竞争中获胜。人类在自然的历史长河中，就是靠强有力的预测，把强大的猎物利用陷阱捕杀，顺应环境的变化用来完成农耕，把潜在的危害扼杀在萌芽状态，人类社会就是这样建立起来。而额叶的发达，也在这样的社会中完成。

脑是一个整体

虽然人脑划分为许多不同的区域，各有分工，比如还有主管生命体征的脑干和主管平衡的小脑，但人类的任何行为都是人脑整体"运算"的结果。

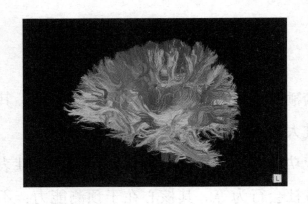

人脑通过数以亿计的神经纤维互通互联，图为作者运用医学影像学后处理技术重建的 3D 人脑纤维束。

如能把大脑的活动转换成电能，相当于一只 20 瓦灯泡的功率。

根据神经科学家推算，人脑的神经细胞回路比当今全世界的网络还要复杂 1400 多倍。每一秒钟，人的大脑中进行着 10 万种不同的化学反应，每天可处理 8600 万条信息，其记忆贮存的信息超过任何一台电子计算机。

人脑含有约 140 亿个神经元，神经元之间的连接多达 100 万亿。这些神经元通过神经纤维和电化学信号相互联系而产生思维、记忆与自我意识，通过这些思维、记忆与意识，我们成为自己，并构建成人类社会。

细胞如何传递"情报"?

王欣①

"嘀……嘀嘀……"寂静的深夜里情报人员在聚精会神地发报，把紧急军情传递给战友。这种谍战片中的情景也在我们的身体中发生——数以亿计的细胞通过传递信号，使构成人体的 60 万亿个细胞团结一心。细胞们是如何"发报"的呢？

细胞间传递的竟然也是电，不同于发报机发出的无线电波，这是一种微弱的可通过细胞膜传导的生物电。早在公元 18 世纪，意大利生物学家伽伐尼就发现了生物电。一个偶然的机会，他把剥了皮的青蛙挂在铜钩上，铜钩又挂到凉台的铁栏杆上。铁栏杆和蛙腿接触的瞬间，蛙腿跳动了一下。家人惊恐地以为是闹鬼，伽伐尼却认为这是生物电的作用。他设计了一个实验：制备

---

① 王欣，华中师范大学生命科学学院副教授，神经生物学博士。

两个蛙腿，其中 A 蛙腿的肌肉划开一个伤口，B 蛙腿的坐骨神经被放到伤口部位，B 蛙腿的与坐骨神经相连的肌肉在那个瞬间发生一次跳动，说明肌肉跳动可以不依赖于铜铁等金属，由生物体内的电流造成。这个实验引起了意大利物理学家伏特的兴趣。伏特认为不同的金属接触会产生电流，电流作用于肌肉会引起肌肉收缩。伏特通过实验发明了原电池，他的名字"Volta"也成为电压的单位。两位科学家从同一个现象出发，一个发现了生物电，一个发明了电池，都在科学史上具有重要意义。

生物体可以产生电流，产生电流的原理过了一百多年才逐渐被科学家知晓。20 世纪 50 年代，英国生理学家霍奇金等人通过枪乌贼实验发现了静息电位，霍奇金将直径为 0.1 毫米，内部充满海水的毛细玻璃管纵向插入枪乌贼的巨大神经轴突，作为细胞内电极，将另一电极置于浸泡细胞的海水中，通过电压钳在毛细玻璃管尖端和细胞外电极之间记录到约 60 毫伏的电位差，细胞内为负电位。霍奇金的发现获得了 1963 年的诺贝尔生理学或医学奖，他首次记录到细胞的跨膜电位，为电生理的研究打下基础。

科学家又过了 20 多年才确认静息电位是由钾离子

的跨膜流动引起的。钾离子主要分布在细胞内，即细胞内的钾离子浓度远远高于细胞外。安静状态下，细胞膜对钾离子通透性大，对其他离子通透性很小，这是因为细胞膜上有一种"漏钾通道"，只允许钾离子通过。因此，钾离子会顺着浓度差向细胞外流动，从而形成一种内负外正的电位差。带正电荷的钾离子流动会形成一种阻碍其流动的电场力，使电位差在 60 毫伏左右达到平衡。

当细胞受到刺激——其他细胞传来的电流，细胞上的钠离子通道就会开放。钠离子在细胞外的浓度远高于细胞内，带正电荷的钠离子通过通道流入细胞内，使细胞出现一次快速的电位波动。如果通过仪器来观察，它就像一个尖峰，好比发报机传出的那一声短促的"嘀"。接下来，它可以传遍整个细胞膜，再通过细胞间的突触传递给下一个细胞。该电位波动因其接受刺激的大小而表现为不同的频率，即产生每秒钟次数不等的电信号，形成一连串类似摩尔斯电码的"嘀……嘀嘀……嘀嘀嘀……"，将信号不断传递开去。

并非所有细胞都具有"发报"功能，比如血细胞、骨细胞、表皮细胞、毛发细胞都不会产生生物电，也就无法"发报"。人体中具有发报功能的是神经细胞、肌细胞和腺细胞，它们是非常活跃的情报员，无时无刻不在监视着机体内外的环境，忠实地执行着"情报工作"。如果说神经细胞是消息灵通的"高级特工"，那么肌细胞和腺细胞这些"基层特工"除了收发情报还要执行任务，也就是收到电信号再通过生理生化反应引起肌肉运动和腺体分泌，表现在日常生活中就是心跳、呼吸、走路、说话、思考问题和新陈代谢等等。

下次在显微镜下观察细胞，要知道它们都是活生生的个体。把它们紧紧团结在一起，形成可以做出各种行为、执行各种功能的生命有机物的"号角"，就是肉眼看不见的、永不消逝的电活动。

应对新灾难：先进与脆弱

尹传红[1]

2021 年最新的预测模型显示，本世纪内，毁灭性的日冕物质抛射直接袭击地球的概率为 50%。英国《经济学人》周刊的报道警告说，如果此事成真，各种用于导航、通信的卫星系统和电子设备等，都将处于其所产生的电磁风暴冲击的危险之中。地球上的大部分地区可能会持续断电数月或数年，随后还会引发更多更大的灾难。

日冕物质抛射类似于完美的太阳风暴，是太阳系内规模最大、程度最剧烈的能量释放过程（事件）。它们其实一直都在发生，只是因为具有特定的方向，大多数没有"直接"射向地球而已。

---

[1] 尹传红，中国科普作家协会副理事长，《科普时报》原总编辑。曾被授予"全国优秀科技工作者"、2017 年全国"十大科学传播人物"荣誉称号。

　　对于太阳异常事件，我们更常听闻的是太阳耀斑，一种发生在太阳大气中的猛烈爆发、太阳磁场能量的快速释放。它会辐射出 X 射线、紫外线、可见光和大量的能量，使位于地球大气层外内置了敏感电子设备的卫星，以及在地球表面运行的电子和电力输送系统等，都面临损坏或被破坏的风险。2014 年 4 月出现的一次太阳耀斑，曾一度阻断太平洋部分地区的通信和 GPS 导航，所幸当时空中交通密度极低，因此没有发生事故。在一些高纬度国家，太阳耀斑产生的极光效应常会引起电气干扰，甚至引发火灾。在南非，还发生过太阳磁暴引发的电力故障。

　　类似这样极具破坏性乃至有可能带来"局部崩溃"

的事件，近几十年来已发生过多起，有的事件起因追溯起来却十分"寻常"：1999 年，巴西的一个变电站遭受雷击，造成电网崩溃等连锁反应，影响了 9700 万人。2021 年 2 月中旬，暴风雪肆虐下的美国得克萨斯州，由于电力供需严重失衡，电网不堪重负，爆发了持续数天的大规模停电事故，影响人口约 400 万。

显而易见，过于依靠先进的、相互关联的复杂技术，使我们已然适应了的"文明生活"很容易受到对前人来说无关紧要的自然和人为事件的影响。

确实，整个工业化的世界依赖于越来越先进的科技不断注入，造就我们当下生活方式的各种系统业已彼此"纠缠"在一起：互联网、电信等与卫星系统相互连通；互联网依靠电网；电网转而依靠石油、煤炭与核裂变产生的能源供给；能源供给转而依靠制造技术，而制造技术本身需要电能……

而且，不断升级的需求驱使我们去设计更为复杂的系统，并产生了越来越强的依赖。但是，复杂系统越来越趋向于出错，对误操作也变得越来越敏感。譬如，现代超级喷气式飞机已太过复杂，以至于飞行员不再通过认知上的技巧驾驶其飞行，没有计算机的辅助他们就无法完成对飞机飞行的掌控。而国外的一些案例研究已经说明，依赖复杂系统的风险是不可预测的。系统的复杂程度越来越高，会导致该系统越来越脆弱，更容易受到突发事件的影响，因此很容易完全失控。

我们日常生活赖以维系的复杂的基础设施——交通、通信、食品和水源供应、电力等，实际上也非常脆弱。这些传输系统中哪怕只是出现一个很小的差池，都会引发一定程度的混乱，乃至突发、剧烈的崩溃——也就是触动美国复杂学家和系统理论家约翰·卡蒂斯提出的所谓的"X事件"，即不可预测的、带有极端甚至是恐怖后果的事件。

1986年，德国社会学家乌尔里希·贝克创造了"风险社会"这个术语，用来描绘技术失败时所暴露出的威胁、不确定性和不受控性。在社会学家眼中，新的风险往往是无形的，也没有先前经验能够指导我们如何去应对。贝克出书的时间和苏联切尔诺贝利核事故是同一年，因此，他那本厚重且畅销的社会学专著被视作是对现代社会的警告，预警人们应该对技术探险的意义和后果进行更加深入的思考。

创新工具和技术的应用，风险和收益并存，也永远会有"好"与"坏"的平衡。应该特别警惕新的无形风险的"物化"，并能认识到复杂系统自身的脆弱性，未雨绸缪地做出适当的防御准备，建立有效的监督机制，切实负起责任来。著名科学家史蒂芬·霍金说得好：我们不会停止进步，或刻意逆转，所以我们必须认识到进步的风险并控制它。

图书在版编目（CIP）数据

纳米技术就在我们身边 / 尹传红主编；刘忠范等著
. -- 武汉：长江文艺出版社，2021.12（2022.7 重印）
ISBN 978-7-5354-9585-3

Ⅰ. ①纳… Ⅱ. ①尹… ②刘… Ⅲ. ①纳米技术－普
及读物 Ⅳ. ①TB383-49

中国版本图书馆 CIP 数据核字(2021)第 063025 号

纳米技术就在我们身边
NAMI JISHU JIU ZAI WOMEN SHEN BIAN

策划编辑：叶　露
责任编辑：马菱苈　　　　　　　　责任校对：毛季慧
整体设计：一壹图书　　　　　　　责任印制：邱　莉　　胡丽平

出版：长江出版传媒 | 长江文艺出版社
地址：武汉市雄楚大街 268 号　　　邮编：430070
发行：长江文艺出版社
http://www.cjlap.com
印刷：武汉科源印刷设计有限公司

开本：640 毫米×970 毫米　　　1/16　印张：12.75　　　插页：3 页
版次：2021 年 12 月第 1 版　　　2022 年 7 月第 2 次印刷
字数：93 千字

定价：25.00 元

版权所有，盗版必究（举报电话：027—87679308　　87679310）
（图书出现印装问题，本社负责调换）